U0291475

国内第一本重量级室内灯光设计专书

看就懂、读就通

照明设计
终极圣经

从入门到精通，超实用图文对照关键问题，全面掌握照明知识与设计应用

漂亮家居编辑部　编著

江苏凤凰科学技术出版社·南京

Point 4 照明的情境

Point 5 照明的维护与使用安全

Point 6 商业空间的照明应用

142 Chapter 3 实用与美感兼具的 165 个照明空间

专业咨询

十田设计顾问有限公司
沈冠廷 主持设计师

光拓彩通照明顾问公司
孙启能 主持设计师

大湖森林室内设计
柯竹书 设计总监

沈志忠联合设计
（X–Line Design Co., Ltd.）
沈志忠 创意总监

中国电器股份有限公司／东亚照明
曾焕赐 专案工程部协理
徐周弘 照明设计课副理

直学设计
郑家皓 主持设计师

尤哒唯建筑师事务所
尤哒唯 主持设计师

原硕照明设计有限公司
陈宇晃 设计总监

中国台湾飞利浦股份有限公司
彭筱岚 行销协理

袁宗南照明设计事务所
袁宗南 设计总监

水相设计
李智翔 主持设计师

中国台湾科技大学色彩与照明科技研究所
黄忠伟 教授

光合空间室内装修设计
陈鹏旭 主持设计师

普晟照明器材／欧斯堤有限公司
陈芬芳 行政总监

设计师资讯

联宽室内装修	大雄设计
羽筑空间设计	大器联合室内设计
二三设计	森境 + 王俊宏设计
大见室所工作室	只设计・部室内装修设计
由里空间设计	甘纳空间设计
璞沃空间	禾筑国际设计
一格空间设计	泛得设计
唯光好室	奇逸空间设计
御见 YU Design LAB	明代室内装修设计
日作空间设计	禾光室内装修设计
柏成设计	杰玛室内设计
优士盟整合设计	非关设计
耀昀创意设计	品桢空间设计
大漾帝空间设计	无有建筑设计
大也国际空间设计 / 艺术中心	云墨空间设计
北欧建筑	演拓空间室内设计
隹设计	璧川设计事务所
方构制作空间设计	E.MA Interior design
一它设计	艾马设计・筑然创作
禾郅室内设计	FUGE 馥阁设计
禾邸设计	IS 国际设计
奇拓室内设计	KC 均汉设计
理丝室内设计	TA+S 创夏形构
尚展空间设计	YHS Design 设计事业
齐设计	奕所设计
新澄设计	怀生国际设计
诺禾空间设计	澄橙设计
绝享设计	顽渼空间设计
TBDC 台北基础设计中心	馥御设计
隐巷设计 XYI Design	珞石设计工作室

Chapter 1

照明设计
必须知道的观念

Concept 1　照明设计常见的 12 大 NG

Concept 2　照明知识完全解析

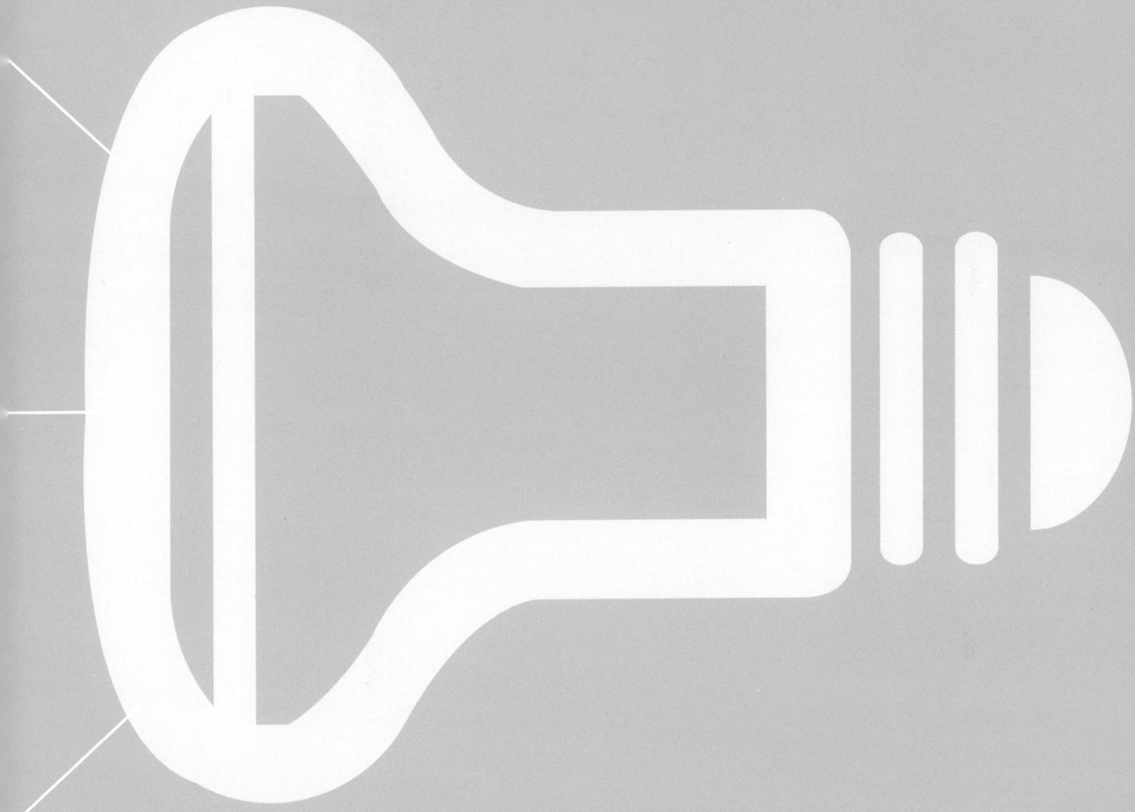

Concept 1

照明设计常见的 12 大 NG

照明是不是照亮空间，让我们可以看清四周就好呢？缺乏灯光的阴暗空间让人感到没有安全感与不便，可是为什么在一个很明亮的空间我们仍旧感到不舒服，问题到底出在哪里？面对常见的照明 NG，选对光源、照明方式与配置得宜，让问题通通都得以解决。

本单元插画 _ 匡匡、黄雅方

NG 01 选用瓦数值越高的灯泡，产生的亮度就越高！

购买灯泡时总是一个头两个大，卖场陈列了许多实体产品，想选用一个比较亮的灯泡，是不是瓦数值越大的灯泡就越亮呢？

ANS 看懂灯具包装资料，掌握需求不花冤枉钱。

早期白炽灯和日光灯大致都可用瓦数值来判断亮度，瓦数越大代表所需电力越多，灯泡也就越亮。近年由于 LED 的发展，相同的亮度（流明值），白炽灯可能要耗掉 85W 的电力，LED 却只要 12W，所以用瓦数来判断灯泡亮度已经不符合需求，最正确的应直接从包装上所标示的流明值（lumen）来判断为准。

NG 02 因为节能考虑选用所谓的「省电灯泡」，反而没有省到电！

X

　　响应节能与环保，也节省家里的电费开销，去卖场选购了印有「省电灯泡」字样的产品，打算换掉家里所有的灯泡，实际上却没有省多少电，为什么？

省电灯泡

ANS 灯泡是否省电依据「**发光效率**」，也就是指每瓦电所发出的光通量。

O

发光效率 = lm(流明) ÷ w(瓦数)

　　发光效率是指光源每消耗 1W 电所输出的光通量，单位为 lm/W。发光效率越高代表其电能转换成光的效率越高，即发出相同光通量所消耗的电能越少，所以选用真正节能的灯泡，应该以发光效率数值来做最后的判断标准。至于，常见有特殊灯管外形的省电灯泡，是属于日光灯的一种，相比于白炽灯它的确可以称为"省电灯泡"，但现今其发光效率就不一定会比 LED 高。

NG 03 想要让家里足够明亮，结果灯光装太多，有些甚至用不到！

X

除了主灯打亮空间之外，还搭配间接灯光作为烘托气氛的照明，怕太暗又在天花板上多装了几颗嵌灯，使用后才发现有些灯光根本用不到，就连不想开的灯也会一起亮，不仅不方便又耗电，一开始该如何设计比较好？

一开全部灯就亮，太刺眼了！

插画 _ 匡匡

ANS 区分重点照明与辅助照明，妥善规划回路设计，让灯光能分别开启。

O

插画 _ 匡匡

家居灯光规划必须先考虑自然光源的日夜变化，再进行人工光源的设计，并依据空间属性安排适当的重点照明与辅助照明，如此才能呈现出完整的照明设计。一般来说，没有窗户或离窗比较远的空间，往往较为阴暗，因此可以将灯光配置成与入射光线呈垂直的设计，做不同的回路规划，让灯光以一列列的方式逐排开启。

NG 04 用黄光营造了一个有气氛的厨房，切菜时却看不清楚！ **X**

用餐环境就是要有气氛，所以连同厨房做了整体的灯光设计，都选用黄光作为主要光源，看起来真的很有情调，但用起来却不是那样，问题出在哪里？

 ANS 工作区适用色温约 5000K 的白光，休闲区适用色温约 3000K 的黄光。

O

一般而言，选用黄光、白光不一定哪个比较好，主要还是要以人的视觉感官为主，但如果是强调作业或安全考虑的区域，例如：厨房、书房、浴室等，建议最好还是选用白光，视线较为明亮清晰。以厨房来说，除了天花板的一般照明之外，还可于橱柜下装设嵌灯，加强烹饪区的重点照明；如果是用餐为主的餐桌上方，就可以选用高演色性光源为主的黄光等，不仅营造出气氛，也更添食物的美味。

NG 05 深夜为了省电，关闭了大部分的光源，家中长辈半夜起床不慎跌跤！

X

深夜当家人都就寝后，为了节省能源，把灯都关掉只留一盏微亮的小灯，但家中长辈半夜起来如厕却不慎跌跤，可以如何去改善呢？

ANS 特定区域加强重点照明，善用感应灯与双切开关。

O

家中若有老人家一起居住，由于其体力、平衡力、视力、听力慢慢退化，我们看起来足够的光源，对老人家来说其实是不足的。因此，在家居环境的规划中，安全非常重要，在照明配置上更有许多要注意的地方：室内明亮是最基本的要求，在房间与床头分别都要设置双切开关，分别置于门口及床边，方便使用，并在动线上安排感应式夜灯，避免夜晚行走时绊到物品而受伤。

NG 06 在天花板上多装了几盏投射灯明亮阅读空间，
没想到看书反而很不舒适！

书房的阅读环境要够明亮，所以在天花板上装了几盏投射灯，虽然照亮环境打亮了桌面，但阅读久了发现光线非常刺眼，不仅看不清字，眼睛也越来越疲劳，到底怎么回事？

X

ANS 天花板装设光源均质的灯具，并辅以台灯
作为重点照明，注意眩光问题。

O

功能性的空间对照明的需求较高，例如书房，除了重点照明须达到 500Lux 以上之外，灯具如何进行配置也需重点考虑，灯具避免装设在座位的后方，如果光线从后方打向桌面，这样阅读会容易产生阴影，可以选择在天花板上装设均质的一字型灯具、嵌灯或吸顶灯，维持全室基本照度，并辅以阅读台灯作为重点照明。

此外，选用漫射性光源为佳，书房照明首先需重视工作区域的适当亮度，像最经常使用的书桌照明，可以将灯光内藏于上方书柜下缘，或选用防眩光的台灯作为重点照明，避免直接的投射性光源。

在客厅天花板上装了一盏设计感吊灯，却感到空间非常压迫！

X

美型的吊灯让人一眼就非常喜欢，为了营造空间的美感，特地挑选了一个设计感吊灯悬挂于客厅，怎么越看越觉得家里天花板变矮了，是产生了什么错觉吗？

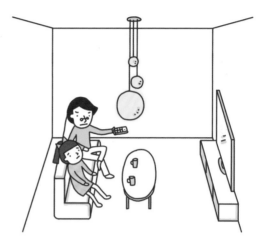

ANS **使用间接照明手法，打亮天花板、墙面或地板，延伸空间感。**

O

不管吊灯还是吸顶灯，都要以家中最高的人，手伸直碰不到的距离，为所选灯最低的高度，超过3米以上的天花板再来考虑装设吊灯是比较适当的。如果天花板不高又装吊灯，不仅不会带来美感，更容易产生视线障碍物。如果本身天花板不高，可以将光源往上打，透过光线的漫射反射至天花板，将光源放散出间接光源，会让天花板产生往上延伸的视觉效果；或者利用打亮墙面的洗墙手法，向上或向下洗墙，透过光晕效果会有拉高天花板的感觉。

NG 08 选用投射灯由上往下照射玻璃艺术品，却无法凸显出美感！

X

为心爱的琉璃艺术品设置了一个展示空间，选用了聚光灯由上往下打亮，原以为琉璃会立刻化身为空间中的亮点，但实际看来却无法将它的色泽呈现得很完美，也没想象中的透亮，是不是有其他更好的做法？

ANS 具有透光材质的艺术品，应该由下往上打光才能表现出晶莹剔透。

O

因琉璃本身的透明质感，透过光的照射，的确可以展现出更细腻的面貌。一般来说，像琉璃这样透光材质的艺术品，如琉璃或玻璃精品，除了配置下照式光源外，也可以透过灯板设计，与展示台结合，让光线由下往上打，呈现出如同艺术品内部发光般的晶莹剔透之美。

NG 09 因为方便，在浴室安装一般的灯具，竟然没隔多久灯泡就坏了！

X

洗手间并非长时间使用的场所，所以就随便选了一个便宜灯具安装，只要够亮就好，没想到隔没多久就要更换一次灯泡，反而花了更多的钱，该如何去选用适合浴室使用的灯具呢？

ANS 选择防湿型与 IP 防护系数高的灯具，避免直接安装开放式灯具。

O

所有电器在高湿气场所都有可能产生漏电的危险，而且灯具容易因空气中的湿度导致绝缘不良、反射板生锈等问题，所以不管是在浴室内还是屋外有水气、雨淋状况的场所，都应避免直接安装开放式的灯具，而需选择使用防水型灯具。此类型灯具依防水性能差异可分成防湿型、防雨型、防雨防湿型等三种，IP（International Protection）防护等级系统，是将电器依其防尘、防湿气的特性加以分级。其防护等级是由两个数字所组成的，第一个数字表示灯具防尘、防止外物侵入的等级，第二个数字表示电器防湿气、防水侵入的密闭程度，数字越大表示其防护等级越高。

NG 10 灯具不经常清洁，灯泡坏了直接换新的最方便！

灯具只要还可以点亮，表示还可以正常运作，等坏了再换，所以平常也不太去留意和清洁，但怎么时间久了光线有越来越暗的情况发生，是快要坏掉了吗？

X

ANS 定时清理灯具让光源效率更佳，也可延长灯具寿命。

O

灯具清理的频率主要需依环境中空气的落尘量多寡而定，一般约每半年一次即可，落尘量较多的环境，如大马路旁则需要增加清理次数。好的灯具通过定时的维护、擦拭与保养，不但可增加灯具表面的光泽及寿命，而且光源的表现效果也会更好。

NG 11 在服饰店挑了一件红色洋装，实际穿出去才发现有色差！

在服饰店精挑细选了一件红色洋装，在灯光的投射下色泽非常好看，但穿出去才发现怎么和当时看到的颜色不太一样了？

X

ANS 服饰店灯光除了讲究气氛和质感，演色性指数也是重要考虑。

O

服饰店最重要的产品就是衣物，款式不可能一成不变，于是如何控制重点照明是关键，光源演色性高，产品才能具有不失真的色彩。灯光必须依随着空间想营造出来的氛围进行调整，但要留意衣服的颜色不能失真，因此光源不能太过昏暗，演色性不佳，容易导致衣物色泽失真。更衣室的光源更要留意，最好利用黄白可变色温光，正面打照。白光可以看清衣服在户外阳光下的真实色泽，黄光则反映出室内的视感，为其增添柔和感。

美发沙龙店的灯光都让人觉得气色很好，回到家照自己的梳妆镜却大不同！

X

剪完头发理发店的大面镜前照了又照，除发型很美之外，连整个气色都变好了！原来换个发型可以让人看起来更年轻，但回家照了自己的梳妆镜，才发现好像不是这么回事？

镜面灯光配置要避免阴影，且采用显色性较好的灯具。

O

美发沙龙店为了呈现更好的服务和效果，灯光的配置都经过一定的设计。工作台面留意光源本身反射，强光容易刺激到设计师和顾客的眼睛，引起不适，光源并安置在镜面两侧或顶部，利用正面照映可减少阴影存在，并特别选用演色性佳的照明灯具，就能让顾客看起来气色较佳。如果也想在家呈现同样的效果，可以参考同样的光源配置手法。

Concept 2
照明知识
完全解析

解析 1 光的语言

光在日常生活无所不在，光源从色温表现、发出的能量、产生的照度、演色性、发光效率与强度、映照进眼睛的辉度、眩光现象到与灯具相关的配光曲线、光束角与遮光角，掌握这些基本原理，你会对光源有更深一层的认识。

5 发光效率
光源每瓦所发出的光通量

1 色温
光的颜色

2 光通量
光的能量

4 演色性指数
光源再现真实色彩的程度

Ra60

Ra90

11 遮光角
光源切线与水平线的夹角

6 发光强度
某方向的光通量

10 光束角
光束所形成的夹角

3 照度
单位面积的光通量

9 配光曲线
灯具的布光状态

8 眩光
直射眼睛的不舒服光源

7 辉度
目视光源或物体的明亮程度

光的语言

1 色温

　　色温（Kelvin）是指光波在不同能量下，人眼所能感受的颜色变化，用来表示光源光色的尺度，单位是K。测量方式是以黑体辐射 0°K= −273℃作为计算的起点，将黑体加热的过程中，随着能量的提高，便会进入可见光的领域。例如，在 2800°K 时，发出的色光和灯泡相同，我们便说灯泡的色温是 2800°K。可见光领域的色温变化，由低色温至高色温是由橙红→白→蓝。

　　日常生活中常见的自然光源，例如清晨、正午到黄昏的太阳光色温各有所不同，而色温值决定灯泡产生温暖或冷调光线。一般色温低的话，会带点橘色，给人以温暖的感觉；色温高的光线会带点白色或蓝色，给人以清爽、明亮的感觉。空间中不同色温的光线，会最直觉地决定照明所带给人的感受。

低色温光源为主的空间照明。图片提供 _ 怀生国际设计

高色温光源为主的空间照明。图片提供 _ 怀生国际设计

自然光		人造光
	9000	
高海拔蓝天无云 9000K ～ 11000K		
阴天 8000K ～ 9000K	**8000**	
	7000	
晴天 6000K ～ 7000K	**6000**	昼光色灯泡 5700K ～ 7100K
正午阳光 5400K		
一般白天 5000K ～ 6000K	**5000**	昼白色灯泡 4600 ～ 5400K
早晨与午后阳光 4300K		
月光 4100K	**4000**	
	3000	黄光灯泡 3000K
日出与日落 2500K ～ 3500K	**2000**	烛光 1900K

2 光通量

光通量（Luminous flux）简单说就是可见光的能量，是指单位时间内，由一光源所发射并被人眼感知地所有辐射能量的总和，又可以称为光束（Φ），其单位为流明（Lumen，简称 lm）。

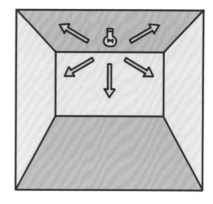

光源会向不同方向的不同强度放射出光通量

3 照度

照度（Illuminance）是指被照面单位面积上的光通量的流明数，单位是 Lux，1 Lux ＝ 1 流明／平方米，我们常会说阅读的桌面够不够亮，通常就是指照度够不够。同样面积的情况下，光源的光通量越高，也就是流明值越高，照度就会越高。一般而言，若要求作业环境很明亮清晰的话，照度的要求也越高。举例来说，书房整体空间的一般照明亮度约为100Lux，但阅读时的局部重点照明则需要照度至少到600Lux，因此可选用台灯作为局部照明的灯具。

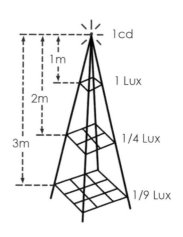

照度平方反比定律

· 光源色温与照度的关系

不同的作业环境有不同的照度需求

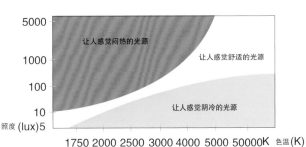

资料来源 _ 参考中国台湾能源局《光与照明》绘制

· 各种光源的照度比较

光源	照度（Lux）
太阳光（直射）	约 10 万
阴天（薄云）	3 ~ 7 万
雨天	1 ~ 3 万
阴暗天（蓝空光）	1 ~ 2 万
月光（月圆）	约 0.2
星光	约 0.0003
灯光（办公室）	500 ~ 1,000

资料来源 _ 中国台湾能源局《光与照明》

Light Box 如何使用照度计

　　照度计是用于测量被照面上的光照度的仪器，由光电池和照度显示器两部分所组成。可测量空间内不同面向的照度值，如果欲测量桌面的照度，将照度计平放于桌面；测量墙面照度，则将照度计紧贴于墙面。使用时并注意几个要点：

　　1 使用前应先将光电池受光部分照光 5 分钟，使照度计达到饱和和安定。

　　2 测光前照明灯具先开亮约 5 ~ 10 分钟，光源较为稳定。

　　3 测量时避免测量者的影子干扰，并避免穿着会反光的衣服。

照度显示器

光电池

用公式简易计算空间照度

公式

$$E（平均照度）= \frac{N \times F \times U \times M}{A}$$

N= 照明器具套数

F= 使用灯具的光通量（lm）

U= 照明率（会随着天花板、壁面、地面等反射率不同而变化，室内的长、宽以及光源的高度也是影响照明率的重大因素。）

M= 维护率（维护系数依照明器具的构造，室内污染的程度而异。在清洁容易，污染性少的场所，维护率高；相反的，不易清扫及污染性高的场所，维护率低。维护率一般取 0.6~0.8 之间。）

A= 室内面积（m²）

测量水平照度　测量垂直照度

不同建材的反射率变化				
30% 以下	30% 以上	50% 以上	70% 以上	
—	镀锌铁板	金、不锈钢板、钢板、铜	银（磨）铝（电解研磨）	金属
红砖、水泥	花岗岩、石棉浪板、砂壁	淡色壁、大理石、淡色磁砖、白色平面	石膏、白磁地砖、白墙壁	石材壁材
—	杉木板、三合板	表面透明漆处理的桧木	—	木材
描图纸	新闻纸	淡色壁纸	白色纸类	纸
深色窗帘	淡色窗帘	白色木棉	—	布
透明玻璃、消光玻璃	压花玻璃	浓乳白珐琅	镜面玻璃	玻璃
浓色油漆	淡色油漆（浓度较浓）	白色珐琅、淡色油漆	白色油漆、透明漆	油漆
深色磁砖	榻榻米	浅色磁砖	—	地面材料
混凝土、铺石、小圆石、泥土	混凝土	—	—	地表面

· 住宅各空间照度一览表

注：
有（〇）记号的作业场所，可用局部照明取得该照度。
**对人物的垂直面照度。
***对一般照明度另作局部性的提高照明设备，使室内照明不流于平凡而富有变化为目的。
****趣味性读书当作娱乐看待。
*****其他场所也适用。

照度 Lux	门、玄关（外侧）	玄关（内侧）	起居室	客厅	书房	厨房、餐厅	卧房	儿童、作业室	洗手间	浴室、更衣室	家事室、工作室	走廊、楼梯	车库
2000											〇手工艺 〇缝纫 〇缝衣机		
1500	一		〇手艺 〇缝纫					一					一
1000					一								
750			〇阅读 〇化妆 *〇电话*****	一	〇写作 〇阅读			〇作业 〇阅读				一	
500	〇镜子						〇看书 〇化妆		一		〇工作		
300		〇装饰柜	〇团聚 娱乐***	〇沙发 〇桌面**		〇餐桌 〇调理 〇水洗槽		〇游玩		〇修脸 *〇化妆 *〇洗脸			〇清洁 〇检查
200										一	〇洗衣		
150													
100		一般						一般		一般	一般		
75	一				一般	一般			一般				
50	〇门铃钮 〇信箱 〇门牌		一般	一般								一般	一般
30													
20	一					一般							
10	一 走道							一		一		一	
5													一
2	一 安全灯						深夜	深夜	深夜				
1													

· 商店、百货店、其他

照度 Lux	商店的一般共同事项	日用品店（杂货、食品）	超级市场（自助式）	大型店（百货公司、大批发店）	服饰店（衣料、眼镜、钟表等）	文化用品店（家电、乐器、书籍）	趣味休闲用品店	生活别专门店（家庭工艺器具、育婴、料理等）	高级专门店（贵金属、衣服、艺术品等）
3000									
2000	○局部陈列室	—		○橱窗的重点　○展示部　○店内重点陈列部	○橱窗的重点	○橱窗的陈列部	○店内的陈列	—	○橱窗的重点
1500	—	—	○主陈列室	○店内陈列　○专柜	—	舞台商品的重点	舞台商品的重点	○橱窗的重点	○店内重点陈列
1000	○重点陈列部　○结账柜台　○电扶梯上下处　○包装台	○重点陈列部	○特别品部（闲区商店）	○重点陈列　○特价品部分　○服务专柜　主商品销售特价品部分	○重点陈列　○专案柜　○服务专柜　试穿室，橱窗的一般　室内陈列的一般	○室内陈列的一般　○服务专柜，试穿室，橱窗的一般　室内陈列的重点	○室内陈列的重点　模特表演场　橱窗的一般	○展示室	○一般陈列品
750	电梯大厅　电扶梯	○重点部分　店面	店内一般（郊外商店）	一般楼层的一般	店内一般（特别部分除外）　（特别部分除外）	○具鼓舞性指标的陈列　店内一般　特别陈列部	○特别陈列　○服务专柜　○店内一般陈列	○服务专柜　店内一般	○服装专柜　设计发表专柜
500	○一般陈列室　洽商室	重点部分	店内一般	高楼层的一般	店内一般（特别部分）	店内一般	店内一般	店内一般　○服务专柜	接待室
300	接待室	店内一般	店内一般		一般		店内一般		接待室
200	化妆室　走廊　厕所　楼梯				一般	○具鼓舞性指标的陈列部的一般			店内一般
150						○具鼓舞性指标的陈列部的一般	特别部的一般		店内一般
100	休息室　店内一般					—	—		—
75									

美术馆、博物馆、公共会馆、旅馆、公共浴室、美容院、理发店、餐饮店、戏院

注：有「○」记号的作业场所，可用局部照明取得该照度。

照度 Lux	美术馆、博物馆	公共会馆	旅馆、酒店	公共浴室	美容院、理发店	餐厅、饮食店	旅游饮食店	戏院
1500–1000	○雕刻（石、金属）○模型	○化妆室面镜、特别展示室	○前厅、结账柜台	—	○剪发○染发、○整烫发○化妆	○食品样品柜	—	—
750	○雕刻（石膏、木、纸）、西画、研究室、调查室、贩卖部、大厅	图书阅览室、教室	停车处、大门、厨房、事务室○行李柜、台○洗面镜	○柜台○衣物柜○浴场走廊、台○洗面镜	○前厅挂号台、○修脸○整装○洗发	集会室、○餐桌、厨房调理房、○货物收受台、○前厅挂号台	○餐桌、厨房、○账房、○货物收受台	○出入口、○售票室、贩卖店、乐队区
500		宴会场所、大会议展示会、餐厅、集会室	日室、大房间					
300	○绘画（附玻框）○国画、○工艺品、陈列室、教室、○厕所、小集会室、一般陈列品、教室	礼堂、结婚礼堂准备室、乐队区、洗手间		泡浴槽、厕所				观众席、前厅休息室、电气室、机械室、洗手间、厕所
200			前厅、厕所、盥洗室	出入口、更衣室、淋浴处	店内厕所	正门、休息室、餐室、洗手间	洗手间	
150	○模仿制品、标本展示餐饮部、走廊楼梯	结婚礼堂、聚会场、前厅走廊、楼梯	娱乐室、衣室、更	走廊	走廊、楼梯	走廊、楼梯	出入口走廊、正门、楼梯、房间内（一般）	放映室、控制室、楼梯、走廊、○后台作业场所
100								
75	收藏室	储藏室	客房（一般）、浴室、楼梯	○庭院重点照明				
50			—					
30–20	幻灯片放映用的简报室						吧、咖啡厅、放映室（上映中）	控制室（上演中）、放映室（上映中）
10		—					以气氛为主的酒吧、酒廊的座位、走廊	
5			安全灯				—	观众席（上演中）
2	—							

029

4 演色性指数

由于光源的种类不同，所看到的对象颜色真实所呈现的颜色也会有所不同，所谓的演色性（Color rendering）是指物体在光源下的感受与在太阳光下的感受的真实度。表示光源的演色性程度指数称为平均演色性指数（Ra），最低为 0，最高 100。我们常可在灯泡外包装上看见演色性值的标示，一般平均演色性指数达到 Ra80 以上，基本上都算是演色性佳的光源。

主要光源的平均演色性指数（Ra）	
灯泡	100
卤素灯泡	100
色评价用	99
高演色性复金属灯	90
日光灯三波长	80
日光灯昼光色	69
日光灯白色	65
复金属灯	65
高演色性钠光灯	53
水银灯泡	40
钠光灯	25

资料来源__东亚照明

美术馆与画廊对光源的平均演色性指数要求至少达到 Ra90 以上。图片提供 _ 袁宗南照明设计事务所

5 发光效率

发光效率（Luminous Efficacy）是指光源每消耗 1 瓦（W）电所输出的光通量，以光通量与消耗功率的比值来表示，其单位为 lm/W。发光效率越高代表其电能转换成光的效率越高，即发出相同光通量所消耗的电能越少，所以选用真正节能的灯泡，应该以发光效率数值来做最后的判断标准。

用途范围	平均演色评价指数
颜色检查、临床检查美术馆	Ra > 90
印刷厂、纺织厂、酒店、商店、医院、学校、精密加工、办公大楼、住宅等	90 > Ra ≥ 80
一般作业场所	80 > Ra ≥ 60
粗加工工厂	60 > Ra ≥ 40
一般照明场所	40 > Ra ≥ 20

资料来源__CIE（国际照明委员会）

轻省电
发光效率
100lm
(lm/W)

流明 1000lm
流明 800lm
VS.
相同瓦数 10W

发光效率
80lm
(lm/W)

光 的 语 言

6 发光强度

发光强度（Luminous intensity）表示光源在一定方向和范围内发出的人眼感知强弱的物理量，是指光源向某一方向在单位立体角内所发出的光通量，简称「光度」，以烛光（candela，简称 cd）为单位。

1cd

单位立体角

光 的 语 言

7 辉度

辉度（Luminance）是指每单位面积、每单位立体角，在某一方向上，自发光表面发射出的光通量，也就是指眼睛从某一方向所看到光源或物体反射光线的明亮强度。某一截面积的辉度值尼特（nit）= 发光强度／平方米（$1nit=1cd/M^2$）。

光 的 语 言

8 眩光

眩光（glare）就是让人感觉不舒服的照明，因视野内的亮度大幅超过眼睛所适应，或是光源明暗对比过大，皆会导致干扰、不舒适或视力受损。眩光的种类有三种：

1 直接眩光： 眼睛直视光源（灯具）所产生，光源的辉度大造成刺眼而令人感到不舒服，例如：光源集中且亮度高，所在位置在视线可以直视之处。

2 反射眩光： 反射眩光也就是一般常见的反光，会使影像模糊化，容易造成眼睛疲劳，阅读吃力，甚至进一步造成眼睛酸痛及头痛的问题。

3 背景眩光： 非由直接光线或反射光线所造成的眩光，一般是来自背景环境的光源进入眼中过多，影响到正常视物能力。

可从以下几个方向，去改善环境中眩光的情况：

1 善用灯具的设计，隐藏过度集中的光源，再利用灯具的反射将光源导出。

2 利用半透明性的灯罩材质，将过度集中的光源弱化并分散释出。

3 使用格栅式的灯具，避免眼睛去直视到光源。

4 灯光投射方向，尽量垂直于人眼一般水平的视物方向。

5 阅读用的桌面与书本纸质，避免选用容易反光的材质，减少反射眩光。

9 配光曲线

配光曲线（Candlepower Distribution Curves）是指灯具的布光状态，意即发光体经其他介质包覆后，致使穿透或折射改变原有的发光方向，以 360°纵向、横向或斜向等角度所绘制出来的光线角度及强度，但一般常见的配光曲线，多指垂直面配光曲线。借由配光曲线的布光图可以得知该发光灯具配光属性为直接、间接或其他光线分布比例，有助于专业照明设计师计算照度与光源分配等判断。

反射眩光　　直射眩光

格栅式灯具设计，避免直视灯管造成眩光。

· 三种常见的配光曲线

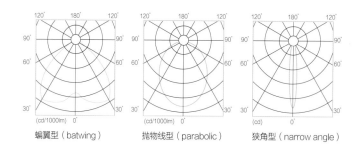

蝙翼型（batwing）　　抛物线型（parabolic）　　狭角型（narrow angle）

资料来源 _ 飞利浦

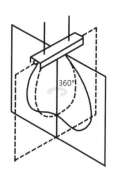

配光曲线为 360°立体环绕的概念

10 光束角

一般光源的正下方的是最亮的，对应一发光强度最强的光束主轴。由光束主轴两侧发光强度 50% 为界线所构成的夹角，即称为光束角（Beam Angle），比这更暗的外围所构成的夹角，称为布光角。一般来说，投射灯光源集中，光束角约 30°，吸顶灯可到 140° 左右，光束角大小受灯泡及灯罩的相对位置的影响。

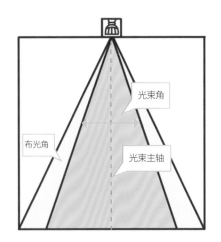

光束角

布光角

光束主轴

11 遮光角

灯具的遮光角（Shielding Angle）是指由灯具出光口边缘的切线与通过光源光中心的水平线所构成的夹角。在正常的水平视线条件下，为防止高亮度的光源造成直接眩光，遮光角一般都要大于 30°，而 45° 被认为是最舒适的灯具设计。

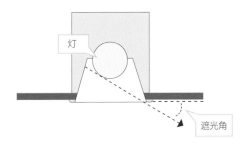

灯

遮光角

照明的光源是室内设计中最需要细细思量的设备，搭配光线设计得宜，可以让空间更舒适。20 世纪初诞生了可以长时间发光的钨丝灯，并经过改良成为卤素灯，一直到现今广泛使用的日光灯，近年来以节能为特色之一的 LED 更逐渐普及，未来照明科技将有更多创新，点亮生活的多元化。

光源种类

1　白炽灯

俗称电灯泡或钨丝灯，白炽灯要先转化成热能才能发光，其中仅有 10% ~ 20% 的热能会转化成光能，其余皆为无用的热能，消耗了不少能源，耗电量高。由于光效低，已逐步退出生产和销售环节。

白炽灯发光原理

白炽灯由灯丝、外玻璃壳、防止灯丝氧化的惰性气体与灯头所组成。通过将钨丝通电的方式，大约加热至 2300K 以上时灯丝便会开始发光。

外玻璃壳

充入氩气与氮气

钨丝

保险丝

灯帽

光源种类

2 卤素灯

也属白炽灯的一种，是白炽灯的改良型产品，发光效率与寿命都比较高，内有微量的卤素气体，透过气体的循环作用，可减轻白炽灯光束衰减和末期玻璃泡内部的黑化现象。卤素杯灯将光源与杯灯相结合，杯灯内镀上反射膜，将卤素灯的可见光线从前方送出，产生聚光灯的效果。同时，易产生高温的红外线则穿过反射膜发散于外，减少热辐射直接照射于人体或物体上。

 卤素灯发光原理

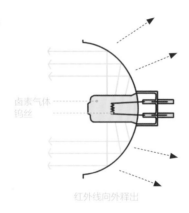

卤素气体
钨丝

红外线向外释出

· 常见的卤素灯　资料来源—飞利浦

蜡烛型卤素灯泡　　　卤素胶囊灯泡　　　卤素反射灯泡　　　卤素聚光灯

卤素灯泡　　　　蜡烛型卤素灯泡　　　卤素反射灯泡

3 荧光灯

也称为日光灯，是属于放电灯的一种，通常在玻璃管中充满有利放电的氩气和极少量的水银，并在玻璃管内壁上涂有荧光物质作为发光材料及决定光色，在管的两端有用钨丝制作的二螺旋或三螺旋钨丝圈电极，在电极上涂敷有发射电子的物质。

荧光粉决定了所发出光线的色温，不同比例的荧光粉可制成不同光色，一般而言白光的发光效率会大于黄光。由于荧光灯不是点光源，虽然聚焦效果低于卤素灯和LED，但它适合用来表现柔和的重点照明，非常适合用做一般的环境照明。

与钨丝灯不同，荧光管必须设有安定器，与启动器配合产生让气体发生电离的瞬间高压，荧光灯的启动方式可分成以下三种：

1 预热型： 当启动器加热于电极时，大概需要等待2~3秒的时间才会点亮灯管，启动过程灯管会有闪烁现象。

2 快速启动型： 通过电容器的连接使两极立即放电，可在1秒以内迅速点灯，通常可以通过调整两点间的电压来调整灯光大小。

3 瞬时启动型： 相比于预热型，它使用更高的电压来启动，约可在1秒内启动，但寿命比预热型和快速启动型寿命都短，因此不适用于频繁开关的场所。

荧光灯发光原理

灯管电源开启时，电流流过电极并加热，从发射体向内释放出电子。放电产生的流动电子跟管内的水银原子碰撞，产生紫外线。当紫外线照射荧光物质后即转变成可见光。随着荧光物质的种类不同，可发出多种不同的光色。

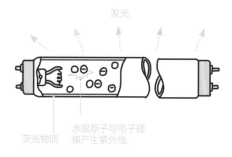

发光

荧光物质　　水银原子与电子碰撞产生紫外线

安定器

气体放电型电光源包括荧光灯、高压钠灯及高压水银灯等，它们都是通过高压或低压气体的放电来发光的，是安定器为了使电流维持稳定性的一个设备。现在最广泛使用的是电子安定器，采用电子技术驱动电光源，甚至可以将电子安定器与灯管等集成在一起，电子安定器通常还兼具了启动器功能。

荧光灯的成员之一「省电灯泡」

省电灯泡属于荧光灯的一种，近年来发展出将灯管、安定器、启动器结合在一起，配合使用白炽灯灯座的改良型荧光灯泡，称为省电灯泡，相比于传统的白炽灯，拥有较高的光效率，也更为省电。省电灯泡形式相当多，常见有螺旋形、U 形、圆球形与长条形，其中前三者因造型需求而将灯管挤压缩短，使发光效率较日光灯管减损许多，尤其球形灯具外覆玻璃罩，导致发光效率更差、更耗电。若以相同光亮度来比较，U 形灯泡因转折较螺旋形少，发光效率相对较高些，但球形灯因玻璃外罩则较螺旋形灯效率又更差。

· 常见的荧光灯　　资料来源—飞利浦

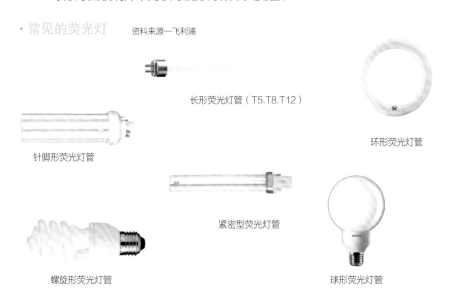

长形荧光灯管（T5.T8.T12）

针脚形荧光灯管

环形荧光灯管

紧密型荧光灯管

螺旋形荧光灯管

球形荧光灯管

4 LED（发光二极体）

LED（Light-Emitting Diode）发光二极体是一种半导体元件，利用高科技将电能转化为光能，光源本身发热少，是属于冷光源的一种，其中 80% 的电能可转化为可见光。LED 为固态发光的一种，不含水银与其他有毒物质，不怕震动，也不易碎，是相当环保的光源产品。

LED 灯会因为二极晶圆制造过程中所添加的金属元素不同、成分比例不同，而发出不同颜色的光，也因为其体积小、辉度高，早期常用来作为指示用照明。近期由于 LED 效率和亮度不断提高，配合 LED 所具有的寿命长、安全性高、发光效率高（低功率）、色彩丰富、驱动与调控弹性高、体积小、环保等特点，使 LED 在一般照明市场逐渐普及，并在日常生活中无所不在。

LED 发光原理

LED 是由半导体材料所制成的发光元件，元件具有两个电极端子，在端子间施加电压，带负电的电子移动到带正电的交界区域并与之复合，经由正负电子的结合而发光，可将能量转换以光的形式激发释出。

· LED 照明节能产品的生活应用

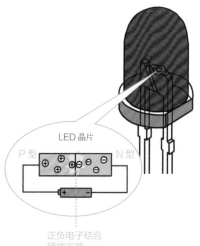

户外照明	如隧道灯、路灯、街灯等
消防照明	如紧急照明及出口指示灯等
娱乐用照明	如聚焦灯、舞台的天幕灯或 LED 光条
机械影像／检查	手术灯及医疗检查用灯
家用照明	阅读台灯、神明灯及圆形灯
手持式照明	如手电筒及矿工灯
展示用照明	LED 冷冻、冷藏柜光源
景观照明	如庭园路灯、感应探照灯、阶梯灯、阳台灯等
商业替代光源	如嵌灯、投射灯、珠宝灯、吊灯等
招牌字型灯	招牌及广告看板

LED 晶片

P 型 ⊕⊕⊕⊕｜⊖⊖⊖⊖ N 型

正负电子结合
释放光能

资料来源—中国台湾能源局《LED 照明节能应用技术手册》

· 常见的 LED 灯具应用

高天井灯

灯管形灯泡

PAR 形灯泡

球形灯泡

平板灯

AR 形灯泡

MR 形灯泡

装饰灯泡

地底投光灯

台灯

嵌灯

橱柜灯

壁式导引灯

情境灯

筒灯

箱形嵌灯

广告灯箱

手电筒

建筑景观投光灯

轨道式聚光灯

钻灯

图片绘制参考—东亚照明型录

5 HID

高强度气体放电 HID 灯泡（High-intensity discharge）包含了下列这些种类的电灯：水银灯、金属卤化灯、高压钠灯、低压钠灯、高压水银灯，经由气体、金属蒸气或几种气体和蒸气的混合而放电的光体。

高强度气体放电通常应用在大面积区域且需要高品质、高辉度的光线时，或针对能源效率、光源密度等特殊要求，包括体育馆、大面积的公共区域、仓库、电影院、户外活动区域、道路、停车场等，此外也常被应用在车头灯照明。虽然 HID 可以释放出高强度光源，但缺点是启动慢、演色性不足等。

HID 发光原理

高强度气体放电借着特殊设计、内部布涂石英或铝的灯管，并通过两端钨电极打出来的加压电弧，通过灯管后而发出光线。这些灯管内充满了气体和金属。气体帮助灯泡启动，而金属加热达到蒸发点，形成电浆态后而发出光线。

6 其他光源发展

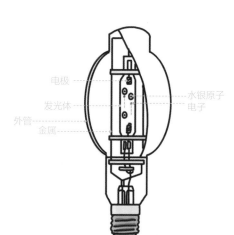

电极
发光体
外管
金属

水银原子
电子

光的快速发展，让光不再局限于照明作用，触角已延伸至光影的艺术和趣味，发展出多样化的灯光形态，甚至还有转化太阳光作为室内照明的技术，也正逐步研究发展中。

有机发光二极体（OrganicLight-Emitting Diode，OLED），是指有机半导体材料和发光材料在电流驱动下而达到发光并实现显示的技术。发光原理与 LED 类似，同样是利用材料的特性，不过，OLED 的材料为有机材料，基本结构是由一薄而透明具半导体特性的铟锡氧化物（ITO），与电力的正极相连，再加上另一个金属阴极，包成如夹芯的结构，有超轻、超薄可弯曲、亮度高、可视角度大、不需背光源、发热量低等特性，现阶段正寻求技术创新，未来将会更加普及化。

以小于 2mm 的 OLED 超薄外形，塑造宛如镜子般的灯光装置。图片提供 _ 飞利浦

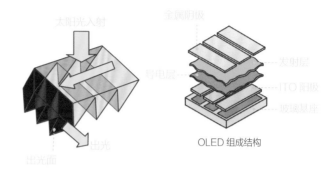

OLED 组成结构

自然光照明系统（Natural Light Illumination System, NLIS），通过集光、传光与放光的过程，可将自然光转化为室内照明之用。图片提供 _ 中国台湾科技大学色彩与照明研究所

· LED 与不同光源间的比较　资料来源—中国台湾照明灯具输出业同业公会《照明辞典》

光源特性／项目	LED（蓝光 LED+ 黄光荧光粉）	白炽灯泡	荧光灯（普通型）	HID 灯
发光强度（全光通量）	高功率产品 30 ~ 60 lm（输入功率 1 ~ 2W）	800 lm（60W）	3,100 lm（40W）	40,000 lm（400W）
发光效率（光源效率）	30 ~ 40 lm/W	17 lm/W	68 ~ 84 lm/W	100 lm/W
能量转换率（可见光）	15% ~ 20%	8% ~ 14%	25%	20% ~ 40%
色温	4,600 ~ 15,000K	2,400 ~ 3,000K	4,200 ~ 6,500K	3,800 ~ 6,000K
演色性（平均演色性指数）	72	100	61 ~ 74	65 ~ 70
寿命	一般产品数万小时、高功率 2h	1,000h	12,000h	12,000h
发热	热耗损 80% ~ 90%	热耗损 + 红外辐射 90%	热耗损 + 红外辐射 75%	热耗损 + 红外辐射 80%
响应性（从通电到正常点灯的时间）	100 ms 以下	0.15 ~ 0.25 s	1 ~ 2 s	达到光亮稳定度需几分钟
指向性	带透镜有指向性	均匀发光带反射器有指向性	均匀发光带反射器有指向性	均匀发光带反射器有指向性
温度—光功率	温度相关性小	温度相关性小	温度相关性大	温度相关性小

解析 3　灯具种类

照明灯具种类繁多，它可以装设于空间中的不同平面，天花板、墙面或地板等，并用不同的方式打亮空间。此外，又可以分成移动型和不可移动型、调整型和不可调整型等，了解照明灯具的特征与功能，并搭配空间的使用功能，选择主要照明设备和搭配辅助照明设备，就能配置出合用的照明情境。

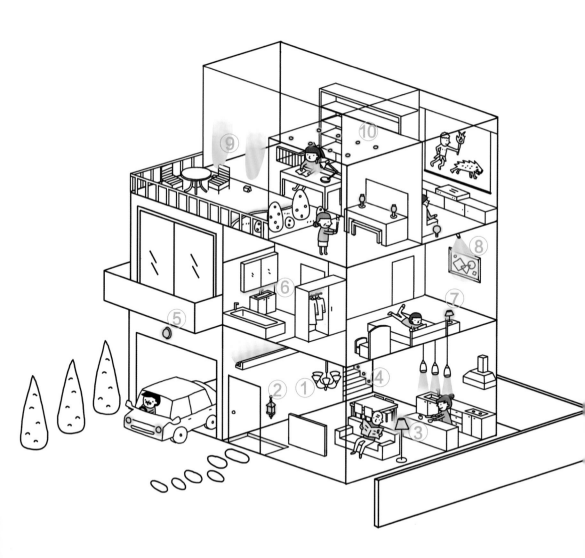

1 吸顶灯、吊灯

吸顶灯以固定的方式直接安装于天花板，而吊灯以悬吊的方式垂挂于天花板，并透过电线和拉管等点亮光源，较常用于室内的整体照明，吊灯尤其在客厅与餐厅被广泛地使用。

2 壁灯

通常固定于垂直面的灯具，通常选用较小功率的光源，其悬挂的位置也要避免对人眼产生眩光的作用。最常被安装于需要加强重点照明的地方，例如：楼梯转角或是走廊，再加上其多变的造型，也可以作为装饰照明。

3 立灯

用途为桌、台灯的延伸，高度较桌灯与台灯高，底部有底座或脚架可支撑立于地面之上，装饰性强的立灯，可为空间带来不同层次感，功能性强的立灯除了可功能性地移动外，亦能作为指定方向性的照明，与台灯的差别在于不会占用工作台面空间。

4 足下灯

将灯具嵌在楼梯或沿着走廊的低地板区域，可以用来作为夜间的安全导引之用，特殊感应式的设计可更为节能与方便。

5 感应灯

市面上常见的感应灯具包括光感知器、人体红外线感应灯、磁簧或弹簧式的拍拍手感应灯、声控感应灯，最常安装于室外的属于人体红外线感应灯，有兼具照明与防盗的功用。

6 结构性照明灯

结构性照明是将光源或灯具与空间中的天花板、墙面或地板结合等，或是嵌入并固定于家具之中，通过间接照明的手法，均匀地打亮空间。

7 桌灯

造型装饰性强，功能性较弱，常用钨丝、卤素、日光、省电灯泡。适用于客厅茶几、床头等作为辅助照明或装饰照明用。

8 聚光灯

聚光灯内都有聚光装置，将光线投射在一定的区域内，让被照射物体获得充足的照度与亮度，常用来凸显空间中的重点，例如墙面上的画作、展示柜内的收藏品等，还可搭配天花板轨道的应用，做更有弹性的灯光配置。

9 洗墙灯

洗墙灯泛指用于投射在墙面上的光源，墙面上会形成光晕渐层的效果，除了用在建筑外观打光或招牌照明上，现在很多室内设计师也将洗墙灯用于室内营造不同的照明情境。

1o 嵌灯

嵌灯是指灯具全部或局部安装进入某一平面的灯具，又依据置入天花板的方向可分为直插式嵌灯与横插式嵌灯，投光角度可以改变的称为可调整式嵌灯，因为其灯具的形态，所以天花板要预留一定的空间安装，并且要留意散热的问题。

Chapter

照明设计的6大关键点

Point 1

照明的光源

照明的最基本元素就是光源，尤其随着照明科技的发展，常见的照明光源早已从早期的白炽灯、日光灯到近期比较广泛运用的LED。面对市面上丰富又多元的产品，如何适当去选择往往令人伤透脑筋。学会掌握大的重点和方向，回归实际需求和空间本质，才不会花大钱又买到不适用的灯具。

Q01　市面上有白炽灯、日光灯等不同类型灯泡，该怎么选择比较好？

各种光源都有其特性，可依照空间使用的不同，选择适合的灯泡。

照明是室内空间中最需要细细思量的设备，光线设计得宜，可以让空间更舒适；其中的关键在于灯泡的选择，性质优良的灯泡不仅能保护眼睛不易疲劳，还具有使用寿命长、省电的功效。依照空间使用的不同，在客厅、餐厅、卧房、书房用的灯泡类型、色温和瓦数就不相同。客厅适合装设照明范围较广、节能效果好的白光或黄光；以休憩为主的卧室与餐厅，则可装设给人温暖感的黄光灯泡，如LED灯、卤素灯或省电灯泡，书房则建议采用明亮度高的省电灯泡，再搭配近距离台灯更理想。

种类	白炽灯	卤素灯	日光灯	LED
光性	基本光蜡烛效果，灯影较微弱	演色效果佳，光感效果佳	光感柔和	亮度较亮，发光率较佳
优点	灯体和光影散发光影质感	人与物体色彩漂亮，投射性强可打出光影感	大面积泛光功能性强	可结合调光系统，制造空间情境，体积小
缺点	耗电、损耗率高	热能高	光影欠缺美感	投射角度集中

Q 02 **灯泡外包装数据资料很多，如何去解读必要的资讯，判断这颗灯泡是否符合需求?**

认清瓦数、灯座规格、色温、演色性指数、光通量、发光效率，挑选合适灯泡。

面对市面上五花八门的灯泡产品，不论是外包装还是产品介绍的页面往往罗列出庞大的资讯，其实只要掌握 6 大重点，就能挑选到适用的灯泡:

1 瓦数（W）: 瓦数代表的是每秒消耗多少焦耳的能量，瓦数越高耗电量越大，但不代表所产生的亮度越高。尤其现今 LED 照明技术的精进，它可以产生比相同瓦数的节能灯泡还要高的亮度（流明数）。

	白炽灯	省电灯泡	LED
产生 1000lm 耗能	100W	25W	12W

此表为大概比较值，实际情况会依厂牌和型号而有所不同

2 灯座规格（E）: 以灯泡头螺纹测量出直径，就是所需要的灯座规格，常见的规格有 E10、E12、E14、E17、E27、E40。例如直径为 14 mm，就是属于 E14 的灯座，购买灯泡前务必先调查清楚所需规格。

3 色温（K）: 灯光的颜色称为色温，数值越低，光的颜色越黄; 数值越高，光的颜色越白。灯泡色偏黄光，色温约 3000K; 昼光色偏白光，色温 5000K ~ 7000K。

4 演色性指数（Ra/CRI）: 演色性指数越高，表示物体在该照明光源下显示的颜色与在太阳光照射下的颜色越接近，色彩失真度小; 演色性指数越低，表示物体在该照明光源下显示颜色与太阳光照射下的颜色偏离越远，色彩失真度大。

5 光通量 / 流明（lm）: 光通量是指光源所释放出光的能量，流明值越高，灯泡亮度越大。

6 发光效率（lm/W）: 指光源每消耗 1 瓦（W）电所输出的光通量，是现今灯泡是否省电的判断标准。

相同流明
800lm

VS.

13w
瓦数
较耗电

10w
瓦数
较省电

Q 03 选用灯具前需事先考虑哪些重点?

掌握空间高度、灯具配备、开灯频率三大重点。

1 测量地面距天花板的高度: 主灯分为三种类型,吸顶灯、吊灯、半吊灯,而依光源照射的方向,又可分为下照式及上照式,上照式因为光往上打,所以光源较为柔和,而下照式,灯往下打,光源就很明亮而直接。该选用哪种灯,除了依个人喜好外,最好还是要考虑一下天花板的高度及使用空间,才不会对空间造成压迫感。

2 要了解各个空间的灯具配置:

(1)客厅: 不管是吸顶灯、吊灯或是半吊灯,都要以家中最高的人,手伸直碰不到的距离,为所选灯最低的高度。要是无法实地测量,则可以地面与天花板的距离为选购标准。若距离超过 3m 就可以选购吊灯;2.7 ~ 3m 间,可用半吊灯;2.7m 以下则只能选择吸顶灯。

(2)餐厅: 一般人都喜欢在餐厅用吊灯,但并非所有的餐厅都可以使用吊灯,餐厅的位置必须要固定。现在很多小平数空间,为了充分利用空间,餐厅都与客厅或其他空间共用,使用时,才搬出餐桌。像这种餐厅就非常不适合使用吊灯,只能选用半吊灯及吸顶灯,才不会影响到人的行动。而吊灯距离桌面的高度,必须控制在 70 ~ 80cm。

(3)卧室: 建议使用吸顶灯或半吊灯,因为床有高度,即便人躺在床上,灯太低还是有压迫感,最好不要使用吊灯。

(4)卫浴及厨房: 多半都做天花板,最好选用吸顶灯。

3 清楚最常开灯的空间: LED 所节省的电费是白炽灯泡的 85%,要省电最好选择省电灯泡或是 LED 灯泡。像客厅或卧室等,都是开灯时间较长的空间,视情况选用省电灯泡或 LED 灯泡,能省下不少钱。

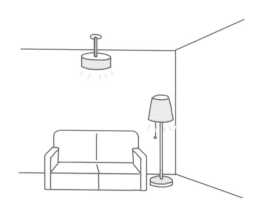

Q 04 灯具的产品型录会包含哪些资讯？

详列灯具基本资料、外观与内部结构、配光曲线，作为设计与施工参考。

　　一般常见的灯具可以分成两种：一般消费者用与设计师用。一般消费者所使用的灯具通常会列出基本的资讯，例如灯具照片、定价、材质、适用灯泡、色温、可调光或不可调光、适用电压、流明值、重量、尺寸等；设计师用的，因考虑到施工和空间照度的专业需求，会详列出较多的资讯。

配光曲线图：配光曲线上的各个点，代表灯具在此角度方向上的发光强度。

灯具参考资讯

资料来源 _ 飞利浦照明型录

技术规格资料	
产品型号	基本型：BBS498；舒适型 BBS499
光源	DLED Compact（轻巧型）
流明输出	2000lm（3000K）；2000lm（4000K）
灯光颜色	暖白光：3000K；自然光：4000K
耗电功率	28W
系统效能	72lm/W（3000K）；80lm/W（4000K）
眩光值 UGR	19/22
电压	220V~240V/50-60Hz
驱动器	配备于另一驱动盒
光学片	高光泽镜面、雾面反射板（M）
材质	散热片、支架、反射板与灯具前缘：铝；固定：钢和聚碳酸酯、驱动器盒：塑胶
颜色	白（WH）
安装	使用弹簧扣片固定
控制界面	开关（PSU-E）或可由 DALI 调光（PSD-E）
操作温度	-20℃ ~35℃
效能最佳的环境温度	25℃
使用寿命	50,000 小时
配件	ZBS490 C CRFM D225　转接套环 200cm 至 225cm 开孔直径 ZBS490 C SG-FRC　悬吊的碟状玻璃，内部为毛玻璃 ZBS490 C SG-HR-FR　采悬吊方式的毛玻璃 ZBS490 C SG-O　悬吊的乳白色玻璃 ZBS490 C GF　嵌入式毛玻璃 ZBS490 C GF-HR　嵌入式毛玻璃环

灯具外观

内部结构图

Q 05 如何选用品质有保障的灯具产品？

认明照明灯具相关认证，选购品质有保障。

　　市面上的灯泡产品非常多元，尤其是近年兴起的 LED，并未有一套完整的产品规范，各家标榜的规格、特色也参差不齐。因此，在选购灯泡时可以根据以下原则来确保产品的品质：

　　国际 IEC 认证标章：为国际电工委员会（IEC）针对光对生物的安全认证，包含紫外线、红外线及蓝光的检测。

Q 06 不同的空间、功能如何选择适当的灯泡色温？

工作区适用色温约 5000K 的白光，休闲区适用色温约 3000K 的黄光。

其实白光、黄光不一定哪个比较好，主要还是要以人的视觉感官为主，通常可以「功能」和「空间」来区分使用方式：

1 以功能区分：白光显色较真实，照射的对比较大，趋向太阳光、色温偏冷，所以适合于工作性质的照明使用，环境光源较明亮清晰，可以提振精神；黄光因为色温的关系，有视觉温暖的感受，以及照明的对比较小，适合在人际关系、气氛上的塑造。

2 以空间区分：　灯光颜色是用色温来分的，常用的色温是从 3000K ~ 6000K 不等，也就是由黄至蓝，厨房、工作区域、书桌台灯、梳妆台可用色温较高的光源，色温低的光源则适用于卧室、餐厅、需要间接照明的区域，有助于营造气氛。

← 白光在
5000K 以上

← 黄光为
3000K 左右

Q 07 家里想装省电灯泡，不过 CFL、CCFL 和 LED 这几种省电灯泡的差异在哪里？

省电灯泡特性与效能各有不同，最好依空间需求安装适合的省电灯泡。

CFL 省电灯泡使用时，至少需要 3 分钟的预热，才能达到最佳光源效率，使用时尽量不要频繁地开关，容易减少使用寿命。相较之下，CCFL 冷阴极管与 LED 灯的耐点灭性高，若空间需要经常开关电源，建议使用 CCFL 或 LED 灯泡较为适合。不过 CCFL 灯泡的管径非常细小，相对质量较轻，施工时易压碎，需小心使用。而 LED 灯发散光源属于「点光源」，光源集中，方向性明确，不似省电灯泡的照明范围广，因此不适合当成家中的主要光源，可用于玄关、走廊等局部空间。

·省电灯泡比一比

属性	CFL & CFL-i 灯泡	CCFL 灯泡	LED 灯泡
光效（lm/w）	55	58	70 ~ 80
寿命（hr）	6,000 ~ 15,000	>20,000	>50,000
色温（k）	2,700 / 6,500K	2,700 / 4,600 / 6,200	2,700 / 6,500K
演色性	85	82 ~ 85	70 ~ 90
发热温度	高	低	低
耐点灭性	低	高	高
耐摔耐震	不耐摔 不耐震	不耐摔 不耐震	耐摔 耐震
操作	启动时， 闪烁	启动时， 闪烁	一点就亮， 不闪烁
价格区间	RMB. 40 ~ 130 元	RMB. 60 ~ 90 元	RMB. 20 ~ 320 元

 LED 灯和省电灯泡一样有节能效果，可否用来当作家中的主要光源？

点光源特性虽有改良，仍建议以实际感受为佳，并注意预算考虑。

　　以往大家认为 LED 灯发散光源属于「点光源」，具方向性，光源集中，不似省电灯泡的照明范围广，因此不适合当成家中的主要光源，大多建议用于玄关、走廊等局部空间。但随着技术的进步，市面上可替代传统省电灯泡的 LED 灯已越来越多，而且除了以前强调高亮度的正白色产品，也有黄光可选择，透过灯光外壳的设计，光线表现性已相当趋近于省电灯泡。不过，虽然 LED 灯强调寿命长且亮度表现更优异，但是目前价格仍不菲，也是让消费者却步的原因之一。

Q09 除了选用节能灯泡之外，开关配置和设计是否也可达到节能？

节能的光源设计主要在于利用开关的事先设计与灵活控制，让光源可呈现更不受限制的利用，只在需要的地方或时段使用。

现代生活除了追求便利、舒适之外，更要讲究节能与环保设计。因此，灯具、照明厂商也不断地推陈出新，研发出越来越多的节能光源，但是除了省电灯泡外，从一开始的光源设计与灯光的开关配置着手，也可以达到节能目的。

1 感应式照明可避免不必要的光源浪费：例如玄关、走道或者庭院阳台的光源可采用感应式照明控制，当有人靠近的自动开灯，无人时则自动熄灯，以便产生不必要的耗电。

2 利用调光设备来节省电力：担心客人来时灯光不够亮，但只有一人在家时电灯全开又太亮，不妨利用可调光设备来控制光源，当深夜时调暗灯光可增进气氛，也可节省电费。

3 多段式开关设计：想要提升光源使用的灵活度，可将间接光源依亮度做二至三段式开关设计，如此可视需要来开灯，也可让空间有不同的亮度与气氛表现。

Q10 灯泡在外盒上标示「全周光灯泡」与「非全周光灯泡」适用的灯具与特色，主要是在说明什么呢？

与光源扩散角度有关，根据灯具形态选用合适灯泡，光源不浪费。

简言之为光线的扩散角度：全周光发光角度较大，通常可到 300° 以上，光线均匀无死角，适用于立灯、桌灯和壁灯，灯具上下方光线较为均匀柔和；非全周光发光角度较小且集中，适用吊灯或嵌灯等下照型灯具，减少光源浪费，更为节能省电。

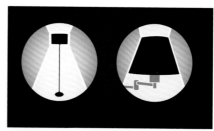

全周光型灯泡适用灯具。
图片提供_飞利浦

非全周光型灯泡适用灯具。
图片提供_飞利浦

Q 11 如何判断灯具照明设计的好坏？

照亮物质时，注意灯具在 45°切线是否为暗的，而且灯具本身不会有眩光或过亮干扰的情况发生。

照明设计所扮演的角色不是主角，它永远是个辅助性的配角，它的存在可以把主题表达得更美、更淋漓尽致。因此在挑选一个好的灯光照明工具或灯具时，必须注意以下几点：

1 照亮物质时，注意灯具在 45°切线是否为暗的：判断一个功能性灯具设计的好坏，只有一个很简单的原则，那就是当灯具点亮时，物体被照亮后，灯具本身在约 45°切线外是暗的，这就是设计正确的灯具。

2 灯具本身不会有眩光或过亮干扰：所有的灯光设计主要是透过光来诠释被照物的设计元素，而不是欣赏灯具本身的眩光，否则眼睛的余光很容易被过亮的光源反光所干扰，反而不能舒适地欣赏照明设备所要诠释的情境。

3 利用灯光营造精致效果及想象空间：灯光设计不一定要做全面的照明，许多时候以局部的照明做诠释反而更有精致的效果。即使以照明做勾边、框边也可以很美，并可做到精致便宜；只做角落的局部说明，或是天花板上的精彩设计，当把中间部分放空，效果会更美，甚至可产生想象空间，或有如飘悬在上空的效果，使空间看起来更高。

4 利用光元素平衡空间美感：好的照明设计所呈现的效果是光元素美的平衡，是用灯光把所要诠释的物体表现出来，但居住者却看不到灯具的本身。所以在使用功能性的灯具时，灯具不可以太明显或过亮的情况发生；甚至灯具最好是隐藏不见，如果非要外露不可，就必须是美丽的外观呈现。

好的照明设计所呈现的效果是光元素美的平衡，而非过亮或抢了空间设计的细部美感。图片提供 _ 光合空间设计

Point 2
照明的方式

空间中光源的照射方式千变万化，主要可分成直接照明与间接照明，又可根据不同的投射角度与方式，产生出各式不同的功能与效果，建构出在天花板、墙面至整体空间的光影面貌，打造个人喜好的照明环境。

撰文＿郑雅分　专业咨询＿原硕照明设计有限公司设计总监 陈宇晃／欧斯堤照明企划部经理 陈芬芳／东亚照明专案工程部协理 曾焕赐／东亚照明营业处工程技术部照明设计课副理 徐周弘

Q 01 **最近新家准备装潢，设计师说明灯光分直接照明和间接照明，如何去辨别？**

以发光体是否透过其他介质产生反射，来判定是直接照明还是间接照明。

照明方式依照不同的设计手法，可初步分为直接照明与间接照明，但在应用上又可细分成半直接照明、半间接照明、直接间接照明以及漫射型照明。一个空间中可以运用不同照明方式来交错设计出自己需要的光线氛围。

嵌灯的直接照明

图片提供＿原硕照明

天花板四周的间接照明

直接—间接照明	漫射型（一般）照明	半间接照明	间接照明	半直接照明	直接照明	照明分类
						光线方向
发光体的光线一半向上、一半向下平均分布照射	发光体的光线向四周呈 360°的扩散漫射至需要光源的平面	发光体需经过其他介质，让大多数光线反射于需要光源的平面	发光体需经过其他介质，让光反射于需要光源的平面	发光体未经过其他介质，让大多数光线直接照射于需要光源的平面	发光体的光线未透过其他介质，直接照射于需要光源的平面	光线方向
50%	40% ~ 60%	60% ~ 90%	90% 以上	10% ~ 40%	0% ~ 10%	上照光线
50%	40% ~ 60%	10% ~ 40%	0% ~ 10%	60% ~ 90%	90% 以上	下照光线

直接照明和间接照明，选择灯泡的标准是否会有差别呢？

灯泡只是照明基本元件，同一灯泡因不同设计方式可呈现直接光与间接光的表现。

直接照明方式的光源效率可达 90% 以上，因此，采用直接照明所设计的空间最具节能效果；而间接照明方式因经过灯罩材质做反射，会造成光线衰减，在亮度上较直接照明低，但是光线表现较柔和，可营造出较放松的氛围。

不过，灯泡选择的关键并非由直接或间接照明的设计方式来判断，陈芬芳企划经理进一步说明：选择哪一种灯泡的主要依据，在于配合不同灯具的配光曲线需求，同时还要考虑搭配空间与灯具造型的演出。而专家则提到灯泡主要为提供光源，大部分灯泡都可被直接照明或间接照明使用，具体要看使用者如何设计运用，以达成自己需要的灯光效果。

Q 03 家居空间用直接照明是不是比较亮，有哪些实际的做法呢？

对空间的亮度感受每个人不同，也有地域差异，中国多直接照明，欧美国家偏间接照明。

直接照明比间接照明耗电量低且亮度高，但容易有眩光问题。图片提供＿欧斯堤有限公司

家居照明设计就像空间风格设计一般，与个人情感及美学息息相关，同时也具有民族地域性。一般而言，中国家居环境对于照明的亮度需求较欧美国家高，因此，直接照明的使用比例也较高，但是在欧美家居中则偏重间接照明。以下说明直接照明的优缺点及常见设计形式。

1 **优点**：可将所有的光通量照射在空间里，运用最低的消耗电力达到该有的照度需求。

2 **缺点**：光源直接照在空间，容易产生眩光等不舒适的感觉，让家居环境无法达到舒解压力的放松效果。

3 **常见设计形式**：一般家居中最常见的直接照明有安装于天花板上直接照射下来的主灯，也有下照式嵌入型灯具，可以让照射区有立即打亮的效果。

Q 04 直接照明亮度高，但是听说这种灯光下看久了眼睛会很不舒适，是真的吗？该如何改善？

引发刺眼感受的是灯光辉度，而非亮度，应避免有直视发光体的照明设计。

许多人误以为直接照明的高亮度是让眼睛产生不舒适感的主因，但其实刺眼的感觉并不是因为灯光照度太亮，而是因为直接照明的辉度导致产生眩光现象，若因此而降低了空间的整体照度，可能造成亮度不足的情况。

针对此种情形，在进行直接照明的设计时，可以考虑做一些适度的改善：

1 选择遮光角度较大的灯具，尽量避免眼睛直视灯光的情况。

2 若家中房屋高度较低者，建议最好以间接照明取代直接照明，以免因直接照明的光线与眼睛距离过近，容易导致直视光线的刺眼感觉。

3 在灯光设计时应注意让空间保持均亮，减少明暗对比过强，让眼睛更不舒服。

4 在选择灯具时应将防眩光因素考虑在内，为提升灯光舒适性，有些照明设计在研发产品时就已将发光体嵌藏入灯具中，避免让刺眼的光点外露于天花板上。

Q 05 如果全室都用间接光源进行照明设计，会有哪些优点和缺点呢？如何去改善？

间接光源照明最大的缺点就是较耗电，无法达到环保节能的效果。

对于热爱温暖家居氛围的人，可能会希望全室均采用间接光源来进行照明设计，不过，这样也有其局限与优缺点，建议可权衡利弊后再选择光源设计。

1 优点：间接照明其原理是利用反射手法将灯光导出，不会有直接目视发光体的刺眼感，整体空间的亮度是借由材质表现反射或折射出来的，可以达到更舒适的效果。间接光源的方向性可来自四面八方，如整体光源亮度足够时也可营造出均亮的空间感。

图片提供 _ 欧斯堤有限公司

将发光体嵌入灯具中，光点不外露可改善眩光情形。

2 缺点：由于发光体被遮掩起来，光源无法百分之百地照进空间里，所以想要达到该空间基本的照度需求时，相较于直接照明设计，则需要花费更高电力去达成，产生耗电的缺点。

3 改善方法：可以在主要的光源使用面，例如桌面或阅读区加入直接照明来补足应有的照度。不过，因每个人对于灯光的感受性不同，并无一定标准，因此，对于空间亮度要求不高的人，只用间接光源照明也无妨。

每个人对亮度的感受性不同，视空间活动需求搭配直接＋间接照明的方式比较常见。图片提供 _ 水相设计

Q 06 间接照明在家居环境中有哪几种常见的实际应用方式？

运用灯槽设计或以灯罩遮蔽光体，再将光源导向墙面即可完成间接照明。

间接照明提供的光源在感受上较柔和，有助于让置身其中的人放松心情，因此，是相当适合家居中广泛使用的光源设计。在实际的家居应用上可分为下列几种不同做法。

1 间接光源设计常见设计于天花板侧边，配合木工做出的灯槽，将线性灯具（如日光灯管）藏于灯槽内，以反射的方式将灯光间接导出。

2 灯槽的设计有很多种，一般可以设计向下照射，让光线可导向壁面，打亮墙面与空间；或者向上照射，让光线导向天花板中间，成为辅助照亮的光源。

3 不需木工，让光源以上、下照式的壁灯形态呈现，同样可让墙面或天花板获得柔美的间接光源。

4 选择上照式或者将光源方向性导向壁面的立灯或台灯，让光源不直接照射于需要的平面上，也是间接光源的一种。

将光线导向壁面的设计　　　　将光线导向天花板周边的设计　　　　将光线导向天花板中间的设计

Q07 装潢时在天花板上装设了一整排的层板灯，完工后发现光线有阴影不连续，而且还隐约可看见灯具不甚美观，装设层板灯有哪些细节要特别注意？

灯具前后交错可避免光线不连续，而提高灯槽前挡板高度就能避免灯具外露。

1 状况一：无论是层板灯还是采用灯槽设计的间接光源照明，若发现有光线不连续或阴影现象，可调整层板灯位置，将灯具与灯具做适当的交错，弥补灯具侧边因安定器造成的黑影，即可改善断光问题。

2 状况二：层板灯会出现阴影现象，还有可能是因为灯槽内的线性光源距离背墙过近，导致光线无足够距离做交错发生。

3 状况三：层板灯若可直接看见灯具时，可能是灯具的高度超过灯槽，可以选用形状较细的中东型灯管；同时，在设计层板灯时应将灯槽当作是灯具的一部分，必须包围住发光体，并确认导光动作完全到位。

4 施做细节: 在进行间接照明的灯槽设计时，必须考虑空间大小、房屋高度与需要的亮度，至于灯槽的各部分尺寸则要随着内置灯具的尺寸大小作考虑，设计出适合的灯槽高度位置与其深度，同时也要注意灯槽前挡板的高度，以免灯具外露。

层板灯不当排列，
易产生不连续光影现象

层板灯交错排列，
可改善断光问题

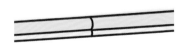

改良型无阴影层板灯，
可改善灯管接合处阴影的产生

Q 08 听说在天花板上做间接光源装潢时会卡灰尘，尤其开空调后灰尘满天飞，家中小朋友有过敏问题，是不是不适合做间接光设计呢？

空调出风口应避开灯槽位置，再搭配灯槽作定期清理即可。

做间接照明设计时会在天花板上做出凹形或 L 形的灯槽，主要是为了要将灯具藏放在里面，但却造成空气中的灰尘容易附着于灯槽上，在长时间的灰尘累积后，若遇到空调或吊扇的吹动，确实会产生室内空气品质劣化的问题。

对此，陈宇晃设计师建议，应将空调的出风口与灯槽的位置分开，避免灰尘受到空调气流的带动，而再次飞散在室内空间。而陈芬芳经理谈到，间接灯光的设计是为了给空间提供更舒适的照明环境，虽有上述的问题，但是这个缺点可借由定期的清理，达到改善落尘的问题，一般家居环境如利用吸尘器，大约 30 分钟可以完成清理，除非房子位于落尘量特别多的地段，否则每隔 2 ~ 3 个月清理一次即可。

Q 09 如果不在天花板上装设任何灯具，有什么其他方式可以打亮空间？

透过现成灯具的安装或摆设，也可以营造出不同层次的间接光源。

无论是在外租屋，或者不想再花木工装潢的家庭，如果想要为家居增添更舒适、柔和的间接照明效果，其实也有简便的方式。

1 可以去灯具店内挑选喜欢的单点壁灯，或者利用线性壁灯（管状）做上照方式的安装，即可在不动到装潢的情况下达到间接照明的效果。

2 如果环境许可，可以选择将灯光放置于地面上，从地板由下往上照，但是此手法需要特别注意眩光问题，例如选择可埋地式的灯具，或者可将灯光放入盆栽内，借植物枝叶的遮掩来避开刺眼的感受，必须依不同的环境条件来做设计。

3 立灯也是不动装潢的间接照明方式之一，几乎没有任何条件限制，而且在造型上也有很多选择，也可成为风格造型的元素之一。

图片提供 _ 顽渼空间设计

适当地选用立灯在空间中有画龙点睛的效果。

Q 10 如何选用适合的灯具，打亮表面凹凸有质感的墙？

可以视情况选用投射灯、壁灯、嵌灯、洗墙灯以直接照明或间接照明的方式来打亮墙面。

李智翔设计师说明，间接照明、投射灯、壁灯都可以洗墙方式表现墙体质感，还可以考虑以洗墙灯作为辅助光源，确保墙面上下都均匀地被照亮。利用装设在天花板上的投射灯具来做出效果，约每隔 100cm 左右布一个投射灯，产生有层次距离的光晕，透过亮面与暗面的分布，凸显出立体质感。至于灯具设置位置距离墙面多少 cm 为佳？沈冠廷设计师建议，表面凹凸有质感的墙，适合以投射灯具距离墙面约 30cm 自上或下洗墙。

灯光与墙面的色彩与材质之间也都有着紧密的互动与影响，在设计上要注意到两大准则：

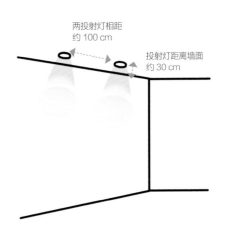

两投射灯相距约 100 cm

投射灯距离墙面约 30 cm

以天花板嵌灯向下打亮质感墙壁。
图片提供 _ 馥御设计

以天花板嵌灯打亮墙面。
图片提供 _ 顽渼空间设计

1 墙面色彩： 亮面或浅色墙面可以让光产生反射性，而暗面与深色墙则有吸光效果，设计时需斟酌调整灯光的亮度。

2 墙面材质： 在墙面的选择上应该避免具有反光效果的面材，以平光的为宜，例如玻璃则以雾面为佳，不要采用镜面，以免影响了光线的匀亮效果。

Q 11 **在室内设计及杂志上常见的照明洗墙效果，有几种常见的设计方式？**

由上而下、侧面或由下而上不同的投光角度，产生不同的洗墙效果。

重点式的照射空间中垂直的墙面，透过墙面光线的反射，可以营造空间的放大与挑高感，也让人感觉更加明亮。可针对墙面从各种不同的角度投以光源：

1 由上而下打光：在墙面上方设计光线向下照射的线形灯沟，或者以安置于天花板的嵌灯手法向下打光，让灯光可均匀照亮墙面。

2 从侧面打光：运用灯槽手法或者埋入式的设计，在墙面上做出侧面打光，同样可以洗亮墙面。

3 由下而上打光：可由地面置灯向上打光，不仅打出光亮的墙面，也有提升屋高的感觉，重点是设计时灯与灯之间的距离安排要与屋高相等，避免两个灯光之间有阴影。

图片提供 _ 沈志忠联合设计

墙面使用了特殊涂料做成岩石纹理，以 T5 日光灯由下往上投射，不但让走道空间感变大，也兼具视觉导引，完美演绎了走道的功能。

以天花板的嵌灯手法向下照亮墙面。
图片提供 _ 水相设计

从地面置灯向上打光，有提升屋高的效果。图片提供 _ 欧斯堤有限公司

Q 12 根据呈现在墙面上的不同光影形态，可以如何进行照明设计？

选用不同的灯具，透过点、线、面三种不同洗墙方式，活化壁面表情。

根据光影投射在墙面的形态，沈冠廷设计师将洗墙手法分为点、线、面三种：

1 点：利用窄角灯具（8°~25°）与近乎与壁面垂直方式，投射出圆形光点，加以组合。不同灯具和角度都能形成大小不一的光点变化。

2 线：利用窄角投射灯具以贴近壁面方式平行洗墙，创造出光的线条。

3 面：以广角灯具或泛光灯具均匀投射壁面，提供均匀的间接照明。

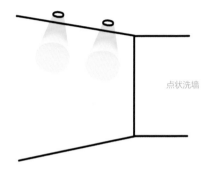

点状洗墙

Q 13 想在客厅的电视墙内加入间接照明设计，让墙面看起来更气派，不知道有没有什么要注意的事情？

电视墙周边的间接照明不可影响电视的影像效果。

灯光的设计考虑缘起于不同区域的生活行为模式，客厅内主要的行为模式为聊天、听音乐、看电视以及亲友交谊等，因此，在电视墙的规划上常见搭配间接照明的设计，希望可以借由提高亮度来美化主墙。

不过，除了间接光源在亮度与设计上不可造成目视的不舒适与眩光感受外，另一方面，因为电视墙的主角电视本身也是发光体，若想在电视柜周边作间接照明设计，得考虑二者的亮度是否会有互相冲突的情况产生，尤其是间接照明的亮度会不会降低了电视的影像效果，导致喧宾夺主的窘况。

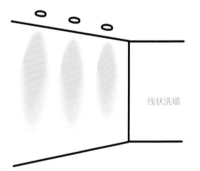

线状洗墙

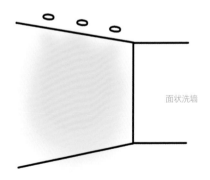

面状洗墙

Q14 常听说流明天花板，可否用类似的方式应用在家中的墙面、柱体或地板？有哪些重点需考虑？

流明光源体在设计时要先考虑日后的维修与维护问题。

流明天花是装潢设计常见的做法，也是早期即被运用在家居内的照明设计，一般作法就是在天花板上选定位置与大小范围做一内嵌的灯箱，将灯具安装于灯箱内，底下再覆盖上玻璃、亚克力或其他透光材质，内部可依需要选择作线性灯具或点状灯具设计，让照明形成一个平面的光源体。

在越来越多的设计创意与多元需求下，流明天花的设计概念也被转移运用在墙面、地板或者柱面上，尤其是商业空间中相当普遍。流明发光体的设计难度虽然不高，但是在设计之时仍要考虑发光效率的折损，这与覆盖灯光的介质息息相关。另外，就是日后的维修与维护的问题，必须事先作考虑，以免灯具损坏时不易维修，反而变成空间内的一大暗点。

流明天花板的概念也可被用于壁面或地板的照明设计。
图片提供 _ 杰玛室内设计

Q15 很喜欢变换家中摆设，墙面上的挂画也经常变换位置，是不是有更灵活运用的灯光设计？

轨道灯可随意横移与变化照射角度，对于经常变化家居摆设者相当方便。

过乏了一成不变的生活了吗？如果你是常常喜欢变化家居摆设的屋主，不妨可以考虑运用外挂式的轨道灯设计，让灯光与空间可以配合做出更灵活的装饰设计。

不过，此类设计必须在室内装修之初就事先做好灯光计划，先选定好可能挂画的墙面，在与其对应的天花板上订出打光距离与位置，接着安排轨道灯的线路。如果不想要看到外露式的轨道，可选用将轨道隐藏在天花板内的设计，由于轨道灯上的灯具除可以左右横移外，还可以改变灯光角度，非常适合用来照亮不固定位置的展示品。除了灯光使用的便利性外，轨道灯因为灯具本身具有工业感，所以，也常应用于 Loft 风格与现代风格的家居中。

Q 16 听说最好的光源设计同时要有普遍式、辅助式与集中式
三种，请问这三种灯光运用有一定的比例分配吗？

普遍式照明是空间亮度的主要提供者，次为辅助式，集中式则视个人需求安装。

从灯光设计的理论上来说，光源可分为普遍式、辅助式与集中式三种，普遍式属于基础照明，用来打亮整体空间照度；辅助式则是局部照明，可视之为重点灯光，例如立灯或台灯；最后是营造视觉趣味的集中式照明，如展示收藏品或艺术花瓶的聚光灯。

灵活运用轨道灯，照亮不同角落。
图片提供 _ 珞石设计工作室

不同情境的灯光设计。图片提供 _ 联宽室内装修

不过，光源是有情绪性的设计，随着不同使用者而有其主观的需求，例如有人喜欢均亮的空间感，也有人偏好明暗反差大的空间，这些个人因素都会影响灯光设计与比例分配，欧斯堤照明专家即认为各式照明都有它自己的使命存在，难以做比例切分。但东亚照明专家从基本运用的角度上建议，普遍式与辅助式可采用8：2的比例来分配，而集中式则视个人需求再决定是否使用。

此外，陈宇晃设计师提出，未来灯光设计可朝情境光源控制来解决灯光比例的问题，他认为空间在不同时段或情况下会有不一样的灯光需求，应事先整合设定常用的数种情境，让灯光的表情更完美到位。

Point 3

照明的配置

选择适合的光源和了解投射方式后，接下来整体空间照明的配置便是最为关键的地方，例如从希望营造的照明感觉到细部各种不同的空间需求，以及不同家庭成员对于照明环境的特殊需求，甚至用照明手法来放大空间感，透过各种不同的设计巧思，让灯光变成辅助生活的最佳工具。

撰文＿李宝怡　专业咨询＿袁宗南照明设计事务所设计总监　袁宗南／光合空间室内装修主持设计师　陈鹏旭／大湖森林室内设计设计总监　柯竹书／尤哒唯建筑师事务所主持设计师　尤哒唯

Q 01 与设计师就家居照明的规划进行洽谈时，屋主需要预先提供给设计师哪些资料？

房子的坐向及开窗位置、大小，及想要在家营造的氛围。

对于居住空间的照明规划，屋主可掌握以下两个要点，针对住家的灯光使用需求和希望营造的气氛与设计师沟通：

1 房子的坐向影响自然照明的时间及区域：在第一次跟设计师洽谈时，陈鹏旭设计师建议要先跟设计师说明房子的座向与开窗位置及大小，若能附上整个空间的平面图是最好的沟通方法。

2 各个空间里想要营造的气氛及明亮度：袁宗南设计师表示，屋主对于灯光很难说出比较具体的想法，一般仅会要求明亮及气氛，最多就是能不能节能省电等，而不会谈到照度或色温等专业问题。当然若有特殊需求，如想要营造家庭电影院或是加强夜间导引灯光等都可以在此沟通。但若要做到实际的灯光配置，就必须由专业设计师拿着专业的仪器，如照度表、指南针、安培计等，在现场进行测量及规划。

Q 02 家居照明从沟通、设计、施工、测试到完工，大致上会有哪些流程？

家居照明的流程：与屋主就照明需求沟通→现场勘景测量→规划平面配置图→屋主确认平面配置图并签设计约→出天花板设计图及灯具配置回路图、开关插座配置图→屋主确认后签工程合约→水电拉好管线→泥作退场→木工天花进／退场→水电挖孔→油漆进／退场→在地板进场前，水电装灯及开关→测试→完工。

　　一般住宅设计案，大多将照明设计依附在天花板设计中，较少单独拉出来规划及设计，除非是大型空间设计案，如百坪豪宅，才有可能邀请专业的照明设计师进驻与空间设计师一同规划。当然，在规划空间照明时，有几个重点要注意：

　　1 最好从毛坯屋即现场勘景：袁宗南设计师表示，很多人会忽略灯光照明的配线及回路设计，往往认为只要透过天花板拉线即可，其实最好从现场勘景开始，才能掌握每个空间里自然光源的停留时间，及哪些地方应补强规划人工照明，甚至可以了解天花板的高度，以及当回路设计在天花板行走时，与空调、洒水头设备位置是否冲突。

　　2 灯具形式、回路规划、安培数计算、照度计算规划一样都不能少：陈鹏旭设计师就专业的灯光设计而言，为搭配室内的采光及空间的风格设计，除对硬体的部分，像是回路规划、安培数及每个空间的照度计算外，灯具形式也是必须考虑的重点之一。

　　3 专业照明设计师还会做套图的步骤：袁宗南设计师说明若邀请专业照明设计师协同室内设计师规划的话，还会做套图的工作，将照明的平面及立面与室内设计的天花板及立面橱柜合图并做现场监工及调光工作，以确保灯光位置符合当初设计时的需求。

现场勘景着重于原始楼板高度及原本的水电配置、撒水头及楼上给排水管线位置。
图片提供 _ 袁宗南照明设计事务所

Q 03 在家居的灯光设计上，设计师会依照什么标准来规划呢？

照度曲线图、空间照度表及各种常见人工光源的发光效率表。

　　想要家居享受放松的照明设计，并非只有昏黄的灯光照明就可以营造出来，因为光源的色温及照度，不只影响空间给人的照明感，更重要的是气氛的营造。在国外，灯光设计是一门十分专业的学科，而设计师在规划空间照明时，除了要观察自然采光外，还会依据一般常见的照度对照表，如照度曲线图、空间照度表及各种常见人工光源的发光效率表，设计师及一般屋主在规划家居照明时皆可以参考。

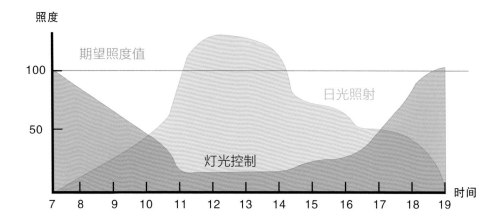

自然采光与人工照明所形成的照度曲线图：最理想的状况是早上10点到下午5点，主要由自然采光提供室内照明；中午11点到下午2点的太阳通常最强，人工照明需求可减至最低。傍晚以后则以人工照明为主。

（此图参考澄毓绿建筑设计顾问提供资料重绘）

Q 04 在照明设计阶段，设计师会通过什么方式来呈现照明实景，让屋主可以更具体地了解到空间照明的实际运作情形？

透过照明模拟立面图及空间照明实例情境图，让屋主事先理解及感受。

设计师与屋主就照明设计在进行沟通的过程中，屋主通常会指明想营造如五星级酒店的灯光感受，或是某一间餐厅的光线氛围。但若是依此规划照明设计，恐怕居住不久就容易产生烦躁而待不住的感受，或每隔一阵子就想换灯的想法。因此在设计前期的沟通中，如何让屋主实际去了解整体的灯光氛围，便成为设计师沟通的重要技巧。根据袁宗南设计师及陈鹏旭设计师的说明，主要可以通过以下两种方式去呈现：

1 **提供相关的空间照明实例情境图说明：** 这是室内设计师常会进行的沟通模式，通过之前所做的作品或是从网站上搜寻相关图片跟屋主说明灯光设计的层次及氛围，甚至是建议灯具都可以依此为依据。

2 **提供模拟灯光立面图，让屋主更了解：** 袁宗南设计师表示，若是找专业的照明设计师，则除了提供照明平面配置图外，同时会跟室内设计师要求立面图，并将灯光照明套图模拟并加以说明，让屋主更清楚知道地照明的范围及位置，以及每个照明所营造的功能及氛围如何，为空间设计更加分。

设计师常利用之前做过的空间案例说明哪些是间接照明或直接照明，以及灯具的配置所呈现出空间整体的氛围。图片提供 _ 光合空间设计

Q05 家居设计中和照明相关的装潢费用会牵涉到哪些项目？详细内容与价格如何？

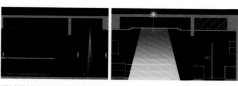

透过模拟空间灯光照明的立面图，让屋主更加了解灯具会安装在空间中的哪些细节里。图片提供 _ 袁宗南照明设计事务所

家居设计中的照明部分，会涉及设计费、设计图、设备费用、施工、水电等。

就目前的室内设计而言，灯光照明设计是附属于空间设计中的，除非是豪宅等级的空间设计，或是商业空间或建筑照明，否则很少会拆分出来。但在国外则分工较细，灯光会由专人负责。基本上，关于照明费用方法分为以下几部分来说明：

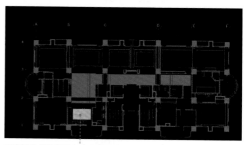

平面图中所标示的灰色区块，将设计一面如同自然采光的天井。图片提供 _ 袁宗南照明设计事务所

1 当照明设计涵盖在空间设计里：家居设计中的照明部分，会涉及设计费、设计图、设备费用、施工、水电等。但在市面上的设计合约是以每平方米RMB.250~450元来计价的方式，则照明设计已涵盖在设计师最后出图的平面配置图及立面图外，还有天花板设计图及灯具配置回路图、开关插座配置图等这三张，是照明设计时主要依据的施工及设计图。若是地板上有灯，则会再出一份地板规划图。

2 施工及灯具费另计：一般设计师在出设计图及设计合约时，会出一份施工估价单，其中会有预计的灯具种类、品牌、数量，以及全户的开关数量。但施工费比较难计算，因为除非特别需求，如安装调光器或是全户灯控设备，则会另计外，全部的灯光施工费用会涵盖在水电费用上。不过，整体来看，全户照明的费用，大约占全部装修费用约10%左右。若全户使用调光器、人体感知器及灯控设备等智能型灯光设计，则占全装修费约40%左右。

3 另找灯光设计师协助：其实拜科技所赐，灯光设计也越来越智能化，所以若是想要在家居配置专业的灯光设计，不妨跟室内设计师协调，另请专业的灯光设计师协助设计，其费用为每平方米RMB.300~400元左右。其工作除了会出更详尽的灯光设计图，如除客餐厅以及各个空间的灯光立面图外，还会与所有外在单位合作及协调，并会亲自至现场调光，让家居灯光更贴近居住者的需求。

家居设计中常用的灯具有哪些？价格区间在哪里？

透过照明模拟立面图及空间照明实例情境图，让屋主事先理解及感受。

灯具的种类繁多，光是常用的 T5 灯管，就分为一般灯管及 LED 灯管，又有 1 尺（1 尺 =33.3cm）、2 尺、3 尺及 4 尺的差别，而家中常用的省电灯泡，又因瓦数不同，则价格也不同，所以价格区间很难一语道尽。基本上，在采购灯具时有几个重点要掌握：

1 挑选品牌灯具较有保障：市面上的照明品牌就有十多种，实在很难下手，建议仍以国际品牌为主，比较有保障，如飞利浦、欧司朗、东芝等知名国际品牌，其他照明品牌也不错，稳定度十分高，如东亚、旭光、汤石等老字号，都可以考虑。

2 太过低价的灯泡尽量不要买：现在有许多网站贩售灯泡，价格十分低廉，设计师提醒这类产品最好不要碰，尤其与市面灯泡价差较大，其品质有待考核。

3 购买时最好要先测试灯泡：若可以，最好在采购完灯泡能现场测试一下，才能确定灯泡是否正常、会不会产生闪烁严重问题、灯管左右两端会不会发黑或过热情况等等，都是挑选好灯泡很重要的指标。

· **家居常用灯泡及灯管规格及价格区间**

价格区间（RMB）	瓦数及原厂发光效率	灯具名称
40 ~ 60 元 / 个	23W	螺旋灯泡（白光及黄光）
40 元（组）	28W / 3000K	含汞 T5 灯管（分 1 尺、2 尺、3 尺、4 尺）
100 ~ 150 元（组）	21W / 24W	T5 LED 灯管（分 2 尺、3 尺、4 尺）
90 ~ 200 元（组）	12W	LED 吸顶灯
50 ~ 110 元（组）	平均照度：>475 lux（直径 100cm 内）	LED 轨道灯
90 ~ 150 元（组）	9W 或 12W	LED AR111 嵌灯（可调角度）
360 元（组）	28W	CCFL 灯管

（以上仅灯具，不含施工费及电线费）

家中使用的照明设计很多，在挑选灯具时必须注意品牌及容不容易更换。图片提供 _ 光合空间设计

Q07 照明线路的安排，有哪些要点需要特别去注意？同时照明开关与动线要怎么安排，才能符合实际需求？

照明线路最好能跟着动线安排，并分配灯光回路，空间灯光情境多元变化。

家居空间的照明是以人为主，因此照明线路的安排应以人的动线为主，然后再去思考照明开关的位置，在规划及设计上有几项重点：

1 分配灯光回路：透过灯光回路的安排，可以为生活带来不同的气氛，例如多切开关，能控制不同的亮度，选择只亮一颗灯或者全亮，抑或开关切换主要照明及间接照明等，使空间的灯光情境能有更多元的变化。

2 照明开关高度约手肘位置：为使用方便，会建议照明开关的位置不宜太高或太低，最适合在手肘的高度，并建议通过回路设计，将开关集中，较易管理。

3 双切式回路省去来回奔波：公共空间建议用多切式回路，方便使用者因移动时随手关闭不用空间的光源省去来回奔波。另外，在卧室采用双切式回路，设置在床头及门口，方便切换。

公共空间采用多切开关，选择只亮一盏灯或者全亮，抑或开关切换主要照明及间接照明等，使空间的灯光情境能有更多元的变化。图片提供_光合空间设计

· 天花板规划图

表

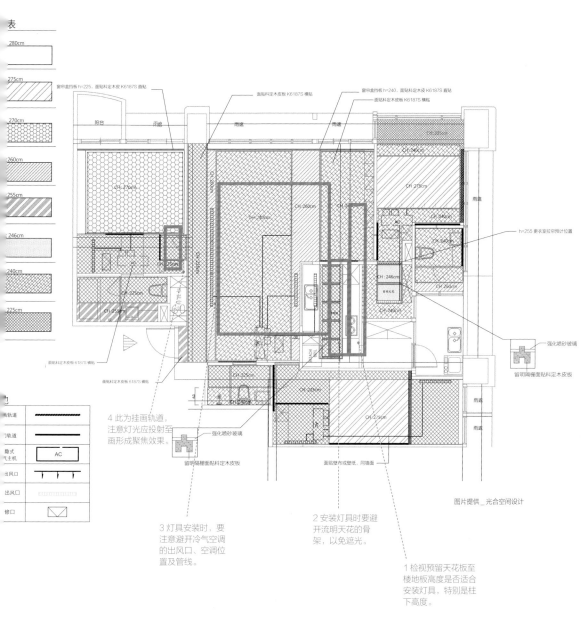

4 此为挂画轨道,注意灯光应投射至画形成聚焦效果。

3 灯具安装时,要注意避开冷气空调的出风口、空调位置及管线。

2 安装灯具时要避开流明天花的骨架,以免遮光。

1 检视预留天花板至楼地板高度是否适合安装灯具,特别是柱下高度。

图片提供_光合空间设计

· 灯具回路规划

6 主卧双切回路设计，并操控主卧门口灯具。

1 利用 AR-111 投射灯为空间主灯。

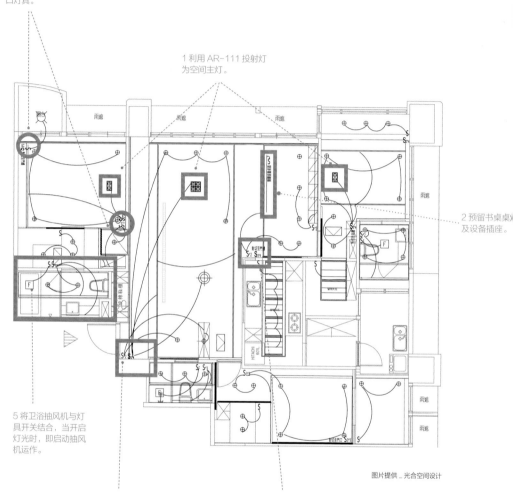

2 预留书桌桌灯及设备插座

图片提供 _ 光合空间设计

5 将卫浴抽风机与灯具开关结合，当开启灯光时，即启动抽风机运作。

4 在玄关设置2开面板开关，一是控制玄关灯光，一是客厅双切回路，分别控制主灯及间接光源的切换。

3. 此为空间重要动线汇集处，因此在此设置客厅回路开关、走廊及书房间接照明、厨房的照明，方便屋主操控各空间灯光。

符号表

符号	说明		符号	说明
⊕	特殊吊灯(另选)		▨	AR-111投射灯<LED>
—	间接灯光<T5>		▨▨	AR-111投射灯<LED>
⊖	玑灯（丽晶灯）		▨▨▨	AR-111投射灯<LED>
⊕	LED投射灯		S	单切开关
¡o	特殊壁灯		S₃	三切开关(对于)
			F	抽风扇

以玄关而言，照明的配置上有哪些重点？

进出时启动感应灯具，以便点亮空间，同时节能。另鞋柜及穿鞋区、挂衣区等都必须考虑。

　　一般玄关都没有对外窗户，因此没有自然采光可以辅助，必须仰赖足够的人工照明。一般来说，暖色或冷色调的灯光设计都可以使用，要看空间整体的氛围营造而定，但建议照度最好要亮一点，以免一进门给人晦暗或阴沉的感觉。至于功能方面，则有几个地方需要注意：

　　1 门口安装人体感应灯具： 建议在门口安装人体感应灯具，可以让人在一进门时即自动启动开关照明，当人离开时便关闭，让人不用一进门还要找玄关开关，同时也省电费。

　　2 鞋柜下方或仪容镜上方辅以局部加强照明，便于使用： 玄关除了全室照明外，在悬吊的鞋柜下方设计间接光源，照明客人或家人的外出鞋；另以筒灯或轨道灯加强收纳或摆饰区的局部照明，形成焦点聚射，营造出理想生活。若有仪容镜，则建议安装在镜子上方往下打，方便出门时整容。

3 鞋柜及收纳柜内加装感应灯方便收纳： 建议不妨在玄关设计的鞋柜或吊衣柜，收纳高尔夫球杆的收纳柜内设计感应灯具，在开启门时自动启动，照明空间方便拿取及收纳。

除了柔和的全室采光外，另在鞋柜下方及摆饰处加强照明，方便使用及营造焦点。
图片提供 _ 绝享设计

Q 09 作为「回家」的第一个过渡空间及门面，在做玄关照明规划时，在照明光源和灯具的选择上，有哪些注意事项呢？

以轻快柔和的灯光为主、辅助性照明不可少、重点照明突显视觉效果。

玄关虽是一个过渡空间，但实际上有不少功能隐藏在这个小空间里，包括鞋柜、储藏室及穿鞋区、仪容镜等等，重要的是还要让客人明确知道从哪里可以进入客厅，因此在玄关的灯光设计建议不可以抢过室内的照明。具体来说，应注意以下两点：

1 运用灯光组合将色温控制在 2800K，有温馨感：玄关是进门的第一个空间，讲究舒适感，因此建议玄关色温约 2800K 左右即可，不宜太亮，并可利用不同灯光组合营造，如吸顶灯全室照明或用鞋柜上方的层板灯间接照明打亮壁面及天花板，再用投射筒灯、壁灯增强整个空间的照明效果，让柔和明亮的灯光能弥漫整个玄关。避免只靠一种光源提供照明，容易造成空间的压迫感。

2 要注意灯光效果应有重点，不宜面面俱到：重点照明是住宅灯光设计中很重要的一部分，可以透过一幅画、一些花草或是雕花等进行重点照明，甚至以目前流行的以梧桐木板装饰鞋柜门片，也可透过打光，让木纹呈现，以突显装饰重点。

玄关处的照明以柔和为主，营造轻松的迎宾氛围，并在局部加强投射光源，营造视觉焦点。图片提供 _ 羽筑空间设计

市面上常见的感应灯有哪些？安装上除了玄关外，家中还有哪些适合装设的地点？

以人体红外线感应灯具最为常见，安装地点因人而定，但建议玄关及卧室最为适合。

早期感应灯具多安装在室外，但近年来由于居住生活水准提高，以及老年人的安全需求，在室内安装人体感应灯具的机会也越来越多。目前在市面上可见的感应灯具，包括: 光感知器、人体红外线感应灯、磁簧或弹簧式的拍拍手感应灯具、声控感应灯具。除声控感应灯具，因设定较复杂，因此较少人用外，前三者已多应用在家居空间里，尤其是光感知器可以感测家居内自然光源的强弱而自然点起，即有节能照明及防盗功能，很受豪宅设计案的喜爱。人体红外线感应灯除了玄关外，像长者房间的床底下、行进至浴室动线，甚至公共区域的走道等等，都是常见的安装地点。

住宅感应灯适用地点与设置情况

地点	感应灯设置情况
车库内外	主要以感应车子进出为主，可安装有无线感应的配备设施，当车子快进入家居时，可远端操控先开启
室外玄关	以照明为主，以方便拿取钥匙或感应卡
室内玄关	主要安装在入口处，或是放置钥匙或手机的置物平台
围墙	照明外，最重要的是感应是否有外人入侵而发报警告，因此设置角度很重要
厨房饮水机附近	主要提供夜晚饮水时，避免被热水烫伤
储藏室	可安装在开门处，开门时点灯，以方便拿取东西，离开时关闭，以省电
走廊及楼梯	建议视适当距离安装，以方便行走安全
卧室	主要安装在药柜附近，避免吃错药。另建议在下床处安装感应式夜灯，避免下床行走时跌倒
衣柜门片后	可安装拍拍手感应灯或人体感应灯，开衣柜时灯亮，方便拿取衣物
厕所	最好与排风机设备连动，除了安全外，还可以延迟关灯，方便排风除臭
客厅窗户上方天花板	此为光感知器，可以设定当自然光源低于某程度的照度以下时，自动开启单一照明，可以是立灯或壁灯，达到节能及防盗效果，也营造在家点一盏灯回家的温馨感

Q11 **在家里安装感应灯具有哪些必须注意的地方呢？**

别将感应器安装在出风口、近热源处及容易震动的地方。

感应式灯具包括回路及电池，一般而言，若自己安装为电池式产品，若是家中有配置 e-Home 的智能灯控设备，则可以与回路结合，较为方便。而在家里安装感应式灯具，有几项注意要点如下：

1 感应器与被感应移动物体间不可有物体阻挡：一般家具、玻璃、橱柜、隔屏、横梁、柱子等等，因会阻断物体放射出红外线而造成感应器无法侦测，灯具不亮等情况。

2 安装高度请勿超过 4 米：市面上合格的感应灯具均会附说明书，并会有规格标示的感应距离，而壁挂式感应产品请调整感应器镜面与地面保持垂直角度。感应器若向下倾斜超过 20°将会缩短其规格标示的感应距离。

3 请勿将感应器安于靠近出风口、易震动处：虽然现在感应器越做越精细，但相对应地，其灵敏度也提高，因此建议在安装时应避免安在空调送风口、容易震动处的夹层或楼梯下方、靠近因风而摇晃的植物或窗帘附近、无线电波强的地方等等。

4 避免容易受光及热的地方：红外线感应器原本就利用热感感应，因此建议不可将感应器安装在容易受光处，或有强烈灯光直接照射的地方，如镜子、玻璃或炉灶、电器柜附近。

Q12 **就客厅而言，如何进行照明配置，可同时达到实用、节能与气氛营造的功能？**

建议客厅照明少主灯，善用间接光源营造柔和光线、利用光感知器搭配调光器节能调光、善用立灯及桌灯等局部照明，营造光影层次。

照明设计是一门专门的学问，但是要让屋主感受到灯光在空间营造的氛围，就非常见仁见智了。因此如何在客厅营造一个回家可以很轻松的氛围，在灯光配置上，必须连同自然采光一同考虑。在客厅的照明配置上有三个重点要注意：

1 少主灯，善用间接光源营造柔和光线：以公共活动空间来说，除了白天的自然采光外，夜晚多半必须依靠灯光来营造

在天花板安装隐藏式灯管的间接照明，让光线碰到天花板后再折射下来，使光线柔和不刺眼，照明范围变得更广泛。图片提供_二三设计

客厅的照明，而色温约3000K就能达到一般人对客厅要求的明亮度了，因此其实不需主灯，以免造成空间的压迫感，甚至影响电视荧幕的反射，建议最好能在天花板安装隐藏式灯管的间接照明，让光线碰到天花板后再折射下来，产生柔和不刺眼的效果，且照明范围也会变得更广泛，达到明厅几净设计感。

2 **利用光感知器搭配调光器节能调光：** 若可以，最好在窗边安装光感知器，可以配合自然采光的照度减弱而自动点起室内的照明，既节能又能营造家的温馨效果。而调光器的搭配，让客厅可以依需求而自动转换灯光明暗度，如看电影时，可全室变暗；当家里人多时，灯源可以调亮；孩子入睡后，客厅仅夫妻两人使用谈心就可调暗等等，依情绪转换，让灯光带来家的多种面貌。

3 **善用立灯及桌灯等局部照明，营造光影层次：** 想要阅读或需要在边柜上做事，就近摆座立灯或台灯，做重点照明也能营造出空间的光影层次。但要注意台灯灯罩边缘，必须要比眼睛低，以视线不会直接看到灯泡为原则；立灯也是同样，灯罩要高过眼睛的高度，光线才不会刺眼。

Q 13 **电视画面易受到空间中光源的反射影响观看品质，可有针对照明解决的办法？**

不装设主灯改以间接照明替代，并避免将空间中的光源直接投射在电视荧幕上。

拜科技所赐，使得液晶电视或电浆电视的荧幕越做越大，也让客厅主墙显得更为宽阔大气，甚至还有用投影机取得电视的空间设计，也颇为潮流。但是若客厅光源设计不当，很容易影响电视反光效果，而使观看品质及情绪变差，要怎么做呢？在灯光配置上有以下几点要注意：

1 **别把主灯设计在沙发及电视中间，易造成反光效果：** 一般住家装主灯的位置，多半是沙发和电视中间，其实没有想象中的亮，既没办法照顾到沙发上阅读的需求，还会因为由上而下洒在大茶几上的光源，干扰横向看电视的视线，因此建议尽量避开，甚至不要装主灯为佳，改以间接照明为主。

2 **避免光线直接投射电视荧幕：** 尽量避免将光源设计直接投射电视荧幕，或从电视墙直射观看者，而造成视线疲倦。因此建议在设计电视墙的光源时，不妨让光源打向天花或墙面、地板而非电视机，避免反光效果。

3 **善用窗帘遮掉自然光源直射电视：** 除了人工照明外，另外关于自然采光部分，若会直接照射至电视机，建议不妨利用窗帘遮光过滤，也是方法之一。

光线投射需避免直接投射于电视，以避免反光效果。图片提供 _ 二三设计

Q 14 **想在家里建构家庭电影院或卡拉 OK 的话，则灯光照明要怎么设计及规划才好呢？**

家庭电影院的灯光设计偏暗，卡拉OK灯光较缤纷热闹，建议结合e-Home的自动群控系统整合灯光及影音设备，甚至窗帘，使用起来较为便利。

袁宗南设计师表示，无论是家庭电影院还是卡拉 OK，虽然都是讲究影音声光效果，但就其照明规划方向却是不太一样的。前者着重的是安静的氛围营造，使观赏者能快速地进入电影情节里，因此灯光设计偏向暗沉，以便让人将焦点放在电影荧幕上；后者则讲究的是一起同欢的热闹氛围，因此灯光设计则偏向多元化及渲染力。设计师游杰腾则表示，其实目前布幕及投影设备价格平民化，所以在家营造家庭电影院并不困难，只要事先说好并预留管线即可。虽说如此，袁宗南及游杰腾设计师仍建议几项关于家庭电影院及卡拉 OK 的灯光配置要点：

1 选择一套简易的智能情境控制系统转化客厅光源：想在家里的客厅营造一间家庭电影院或卡拉 OK 室，建议不妨选择一套简易的智能型群控系统，通过简易的面板设计及无线遥控，将投影机、电动布幕、电视机、DVD、环绕扩大机、点歌机、卡拉 OK 扩大机、无线麦克风等等做整合，并利用即有的灯光，如 LED 聚光灯、

T5 间接照明、基本杯灯或筒灯照明，规划客厅、电影、
唱歌等情境群组，让人一按钮全搞定。

2 **电影系统光源偏暗，但记得留下缘灯照明好操
作机器设备**：虽然看电影的环境灯光偏暗，但仍建议
在电器柜下缘或电视柜下层留下间接照明，方便有时
换片或临时手动维修的照明，另留下茶几 20% 的照明
度，方便放置饮料或食物等行走光源。

3 **运用光纤及声控灯光设计卡拉 OK 情境光源，色
彩多变不怕热传导**：执行唱歌排程，灯光的情境是比
较热闹的状态，目前的设计多半搭配多种色彩的 LED
灯转换，但袁宗南却建议不妨加入光纤传导的方式，

透过简易的智能型群控系统将电动布幕、投影机、
电视机、DVD、环绕扩大机、点歌机、卡拉 OK 扩
大机、无线麦克风及灯光照明做整合，要暗要亮，
一指搞定。图片提供 _ 杰玛空间设计

在尾端仅需一颗多种色彩的 LED 灯泡，即可转换现场的不同色彩光源变化，最重要的是更
换也方便，且也不怕灯具有过热的危险。另外，搭配声控的方式引导光源变化，在唱歌时
不时转换带来高潮气氛。

4 **建议能结合电动窗帘开关遮光**：无论是看电影还是唱卡拉 OK，若能结合窗帘自动开
关设计，不但可遮光，而且透过光源打在软性布料上的窗帘，更有另一光影风情。

5 **最好能与智能手机结合，更是一指搞定**：现在几乎这类的智能住宅的群控系统都能
与智能手机结合，取代面板和遥控器，更能一指搞定所有灯光情境变化。

智能群控系统的回路设定及主机，不单单可以操控或自动转换客厅或家庭电影院的灯光情境，
甚至全屋情境照明都可以做到。图片提供 _ 大见室所工作室

Q15 天花板有哪几种常见的灯光设计手法和配置重点？

主灯式照明、天花环绕式照明、格栅流明天花照明及平顶天花嵌灯式照明。

应现代风格的多变性，天花板的设计也更为多样化，而灯光的配置也越来越多元化。然而不管是何种天花板的设计，灯光照明设计的重点不外乎是为空间营照明亮舒适的光线，有助于营造愉悦放松的相处气氛。住宅空间里常见的天花板设计与灯光配置可分为以下几种：

1 大型主灯式照明，如吊灯或吸顶灯：一般这类型的灯光设计，除了主灯外，周边环境也有间接照明相互配合才行。不过吊灯属大型吊灯，因此对于楼地板高度有其相对要求，基本上低于 260 cm 的楼地板便不建议，以免产生压迫感。在挑选时必须注意其上下空间的亮度要均匀，以避免产生空间阴影过大而显得阴暗。另外，在挑选主灯时，建议最好能选择灯罩口向上，让光源打向天花板再反射下来的光线会比较柔和轻松。

2 天花环绕式照明：这是最为常见的天花板设计，因此其灯光配置依着周围的天花层板环绕。而其主要形式有两种：一种是利用平顶天花，但在墙面留勾缝，将灯管隐藏其中，使光源打至壁面而流泻下来，因此容易为立面的壁板、帷幕或壁饰带来突显的光影效果。另一种则是利用飞碟式的层板或复合式天花设计，将灯管隐藏其中朝上照射天花折射下来，使天花产生漂浮效果，容易在空间营造朦胧美感，营造气氛。

图片提供 _ 由里室内设计

吊灯式主灯的天花设计，
有其高度限制要注意。

3 格栅流明天花照明：有时为做动线导引或是隐藏梁柱，而利用格栅流明天花做修饰。这时的灯光设计会将光源隐藏在格栅内，让行径动线因为光线透过格栅的关系，形成一明一暗的有趣光影变化。袁宗南设计师以本案为例，在格栅上方利用线型灯具往天花上打，让光束经过天花板的修饰后，再透过格栅洗到地面上，格栅区的间接光使用 T5 日光灯色温 2800K，但窗帘盒内的间接光为钨丝灯管，色温略低于 2800K，但演色性更好，利用些微不同的色温变化，创造空间层次感。

图片提供 _ 璞沃空间

平顶天花板嵌灯经常使用在玄关或者廊道、过道，本案例搭配屋主喜欢的运动兴趣，使用 7.5 cm 的 LED 聚光投射灯，让光线直接聚焦在脚踏车上，成为室内设计的一环。

4 平顶天花嵌灯或筒灯式照明：这类典型的无主灯的现代流派照明设计，比较适用于公共空间的廊道或过道空间，袁宗南设计师建议不妨选择可以转动灯光的嵌灯，可以视需求照向任何空间角度，以便变动营造室内照明气氛。

平顶天花嵌灯或筒灯式照明，主要在公共空间的廊道或过道空间。图片提供 _ 袁宗南照明设计事务所

在格栅天花当中加入投射灯，让人行走其中会有不同灯光变化。图片提供 _TA+S 创夏形构

Q16 **我们家没有做天花板，照明又该如何设计才好呢？**

善用活动式灯具，如立灯、台灯等，另也可运用轨道灯营造风格。

　　想要在空间里营造最好的灯光设计，建议在施工前考虑清楚，才能为空间达到加分的作用。但若是真的已完工，或因种种因素来不及将灯光配置放入设计的考虑中，在事后也是有很多方式可以解决的，只是效果上可能无法比拟，但情境上却可以营造。

　　1 运用轨道灯，照明兼投射： 因工业风设计的盛行，故有不少设计案将轨道灯置入公共空间内，形成焦点。但尤哒唯设计师表示，虽然轨道灯可事后施工，但是事先在天花板要留有电线，并确认其安培数及回路，才方便后续施工作业。另外，轨道灯多半与撒水管或风管等裸露管线同时并存，因此除了照明配置外，线条比例也要有所顾及才会搭配起来好看不显紊乱。

　　2 善用活动的立灯及台灯营造局部照明层次： 如果来不及动工改造，陈鹏旭设计师建议可以在沙发旁或适当位置，放向天花板投光的立灯，光线同样也能经过

图片提供 _ 尤哒唯建筑师事务所

轨道灯设计，营造工业风的空间设计感。

折射后，变得自然、舒适。搭配几座造型可爱的小台灯，就能快速营造出温暖轻松的气氛。但要注意的是无论是立灯还是台灯的灯罩边缘，必须避开眼睛平行或直射，以视线不会直接看到灯泡为原则，光线才不会刺眼。

Q 17 现在很流行客厅及餐厅采用开放式设计，有的还把厨房一起拉进来，其照明设计要如何合理配置，才不会造成空间设计上的互抢？

重点照明强调空间属性，直接照明辅助功能。

开放式设计早已成为空间设计的主流，除了将客厅及餐厅融为一体外，近年来更将书房及厨房也并入内，使得整体公共空间看起来更为宽阔。然而虽然空间无屏障，但每个区域仍有自己的定义及功能，如何透过灯光来引导或搭配，成为照明设计的必要考虑，有以下两个重点：

1 运用回路切换各自空间的重点照明：虽然采用开放式设计，但每个空间仍各自独立，而且所有照明都必须依照人的所在，才会区块性亮起，全区展开的照明情况并不多见。因此建议为每个空间建立自己的重点照明，例如整个公共空间采用间接照明，使空间明亮，但客厅采用圆弧立体天花搭配主灯，与餐厅低矮度的吊灯、厨房的天井照明区分，并善用回路设计，让空间的照明可以各自切换。

2 辅助照明强调功能及层次：但即便有了间接光源及重点照明，空间里仍有许多更细部的地方需要强调，像是钢琴区则以投射灯打在琴谱上的直接照明补强使用功能、地板上嵌入 LED 灯具往上打，形成过道空间的指引地标，方便夜晚当所有光源关闭时成为夜灯指引。

Q 18 现在很流行「食欲及食育」，其照明设计是否从厨房就要开始规划呢？餐厅的照明又怎么配合呢？

厨房讲究工作照明，餐厅讲究情绪照明。

应现代家庭的生活需求，除了忙家务外还要兼顾家人互动，因此产生了所谓的「食欲及食育」半开放式或全开放式的餐厅空间设计。而其灯光配置无论是各自独立或相连，均无差异。但仍有几个小地方可以留意。

1 厨房讲究工作照明，餐厅强调用餐情绪：陈鹏旭设计师表示，厨房讲究的是工作照明，因此全室照度维持在 450 ~ 750 Lux ，色温约 2500K 即可。至于餐厅，则讲究的是用餐情绪，色温或照度过高反而会让情绪急躁，不利用餐气氛，因此建议将照度维持在 50 ~ 100 Lux，并可选用悬挂低吊灯，以符合坐下来的高度照明，并将光源打在食物上，增加食欲，及放松沟通的光线氛围。

2 在厨房营造自然天光，工作放轻松：袁宗南设计师也表示，厨房虽是工作区域，但是太过明亮反而让人不易放松，建议不妨可以利用电源灯具控制器及场景控制器，搭配 LED 数位灯具，将色温的变化设定，模拟一天里由白天到黄昏的自然天光，让人如同沉浸在阳光之下，情绪也比较容易放松从容。

开放式的公共空间照明分配，客厅主要在色温 3000K、照度 200Lux 左右比较放松，至于餐厅及钢琴区或书房色温可设定在 2800K，但因工作需求照度大约 300Lux 即可。图片提供 _ 柏成设计

餐桌灯具以低矮悬吊照明为佳，且最好使用色温较低的暖色灯源。图片提供 _ 一格空间设计

Q19 烹调料理时觉得光线太暗，怕一不小心切伤手，照明该如何配置较为适当？

调理区加装主要照明灯光，并以白光为主，提高安全性。

袁宗南与陈鹏旭设计师一致认为，厨房照明是最容易被忽略的地方。传统的一个灯光搞定的设计，使得业主炒菜或洗菜时，往往被自己的身体遮住光源。因此他们建议在规划厨房厨具设计时，最好把一些功能性照明一并考虑进去。

1 梳理台下缘及水槽上方加装灯具： 在厨房吊柜下缘，靠近使用者的这一端，加装较细的 T5 灯管或 LED 灯，并加装亚克力挡板，如此便可以拥有较柔和的光线，也让业主脱离自己的阴影做菜。或在水槽上方加装灯具，方便清洗食材，及清洁碗盘。

2 挑选有灯具的抽油烟机及烘碗机： 现在有越来越多抽油烟机及烘碗机附设自己专属的灯光，方便使用者照明使用。但在采购时要注意维修的便利性，方便未来自行更换。

3 中岛处加强照明： 现在很多厨房都会设计中岛台面，无论是充做餐桌或是梳理台都十分好用，但无论是什么功能，建议在中岛上方最好再加强照明，如直接照明的投射灯或吊灯，并另设一回路或开关，以便切换情境。

Q 20 想在餐桌上方悬挂盏吊灯，灯具高度该如何配置较为适当？色温如何为佳？

餐桌吊灯的下缘最好离地约 185cm，且色温在 2500 ~ 2800K 之间的黄光较佳。

现今家庭餐桌上的照明几乎全以吊灯为主，但有的灯光不聚集，有的是光线太白，缺乏温暖的气氛，或是采用多个黄光白光混搭的灯泡吊灯，使光线不白不黄，最为诡异，相较之下食物也变得不够美丽，引不起食欲。以下为餐桌灯光设计的要领：

1 灯具以低矮悬吊式照明为佳：考虑家人走到餐桌边多半会坐下对话，因此预估灯具高度不宜太高，最佳的高度为离地 185 cm 左右，搭配约 75 cm 的餐桌高度，让人坐下来视觉会产生 45° 斜角的交点，且灯具不会遮住脸的悬吊式吊灯较佳。

在中岛上方最好再加强照明，如直接照明的投射灯或吊灯，并另设一回路或开关，以便切换情境。图片提供 _ 光合空间设计

约 185cm   约 75cm

选择悬吊式照明时，灯具高度很重要，为了在餐厅营造温暖的视觉效果，本案例使用铝制灯罩搭配 LED 灯，让光源集中在食物上，且让空间氛围更祥和。一盏灯的价格落在 RMB.1900 ~ 2300 元。图片提供 _ 璞沃空间

2 色温较低的黄光灯泡食材演色最好：餐桌最好使用色温较低的黄光灯泡，大约在 2500 ~ 2800K 之间，制造出暖色光源，最易营造成温暖、愉快、舒适的气氛；黄光也会使得菜肴看起来更诱人可口，但切忌白光及黄光混搭使用。

3 挑选聚光灯罩，光源集中：一般灯具最高可以打到 10m 高度，但家居最多才 3m 高度，因此所有灯具都适用。不过，面对餐桌上的照明，建议还是改挑较聚光的，例如选用圆锥状的灯罩，或垂挂得更接近餐桌桌面，提高亮度，光源才会集中在食物上。

Q 21 我家大餐桌兼具小朋友写作业，大人打电脑及用餐等多重功能，那么餐桌的灯光照明怎么设计才好呢？

除了直接的重点照明，间接照明不可少。选择让光源往下打的灯罩设计、照度不可低于450Lux。

为了凝聚家人情感及活用空间，很多设计案将餐厅兼做书房使用，于是吃饭用餐、阅读写作、上网玩游戏，全部都在一桌搞定，但面对这样的需求，当餐桌不再是餐桌时，在照明配置上必须注意以下的地方：

1 直接照明及间接照明要相搭配：吃饭跟工作是不同的使用需求，相较之下，灯光的照度需求也会大大不同，因此在两者之间必须共同的情况，建议最好将餐桌的灯光回路多切出来，分别转换成用餐的低色温照度及工作时的高色温照度。同时，除了餐桌上的吊灯外，建议最好再多加天花的间接照明，或工作用的活动式台灯，保护眼睛不会因光线不足而产生损害。

2 选择让光源往下打的灯罩设计：若是要将餐桌灯具与工作灯具同时使用，建议全室照明间接光源一定要打开，同时选择能让光源向下集中的灯罩，让光源集中在桌面工作区域为佳，同时工作时的灯光照度不能低于 450 Lux。

Q 22 如果在家设置酒窖或酒柜，灯光要如何配置呢？

选择琥珀色的 LED 灯，可清楚看到酒瓶年份，也不怕因热而导致酒变质。

在家品尝红酒或小酌，已成为现代人生活的一部分，甚至有人为此砸下千金设计一座专业级酒窖，或是在餐厅，甚至空间里区隔一个区域设置酒柜。这时的灯应合适地配置：

1 在专业酒柜里设置 LED 灯照明：袁宗南设计师表示，无论是何种酒，最怕因温度变化而产生变质的风险，因此专业的酒柜里，多半会少有灯光，但在取物时十分不便，因此他建议不妨选择有 LED 灯的酒柜来设置，而其最大优点在于 LED 灯不发热特性，能确保酒的品质不易因温度改变而变质。陈鹏旭设计师也认为，若酒柜与吧台设置在同一区，建议不妨将吧台下缘也设置 LED 灯，透过灯光变化及切换，让此区可以变身品酒区，更添风情。

2 选择黄色波长取代蓝光或红光：目前市面上酒窖或酒柜均采蓝光或红光的 LED 灯设计，但此光源照射在酒瓶上，较不易看到年份及说明，如果想看得更清楚，建议可以利用 2400K 琥珀色光的软板 LED 来当光源，不用开门即可辨别，更可确保红酒白酒的保存品质。

酒柜的照明不宜过亮，灯具以不会发热的 LED 灯为佳。
图片提供 _E.MA Interior design 艾马设计 · 筑然创作

酒柜或酒窖的光源，最好选择不易发热的 LED 灯，可清
楚看到酒瓶年份，也不怕因热而导致酒变质。
图片提供 _ 袁宗南照明设计事务所

Q 23 书房的照明该如何做适当的规划?

**书房的照明灯具，最重要就是要充足，稳定性高不
闪烁，才不会影响视力。**

　　功能性的空间对照明的需求较高，例如书房，除了
重点照明须达到 500 Lux 以上之外，灯具如何进行配置
也是重点考虑，有以下两个重点：

　　1 灯具避免装设在座位的后方：如果光线从后方打向
桌面，这样阅读会容易产生阴影，可以选择在天花板装
设均质的一字型灯具、嵌灯或吸顶灯，维持全室基本照
度，并辅以阅读台灯作为重点照明。

　　2 漫射性光源为佳：书房照明必须重视工作区域的
适当亮度，像最经常使用的书桌照明，可以将灯光内藏
于上方书柜下缘，以漫射性光源为主，避免投射性光源，
以防止书写或阅读时产生过多阴影，造成视觉疲劳。

Q 24 喜欢欣赏窗外风景，将书桌面对着窗口，该如何配置照明设备满足日夜不同的需求？

运用光感知器转换光源，自然光→人工光，并在书桌前设置台灯做直接照明。

受制于自然采光的直射，因此一般设计师并不建议将书桌设置在窗前。但因受到五星级酒店设计的影响，使得屋主往往强烈要求将书桌设置在采光及视野最好的窗台边。面对这样的问题，最好先确认该区域能避开西晒阳光的直射最佳，否则会建议在窗边再多做一层隔热遮阳的窗帘或遮阳板设计。至于灯光配置上，可采用以下两种方式，去改善整体阅读环境：

1 运用光感知器与调光控光设备切换自然光源及人工光源： 这类的设计，白天的采光充足，因此不需要多余的灯光照明。但待自然光源渐渐减弱时，这时光感知器在探测到某个照度时启动人工光源取代自然光源，以便让书房的照明能随时充足。

2 间接照明外，书桌加台灯直接照明为佳： 再充足的光源，对于阅读所需的450 ~ 750 Lux 照明仍是有段距离，因此建议除了由书桌上方的间接光源外，并在书桌前加装一台灯加强直接照明，以保护眼睛视力。

书桌上方再置一盏阅读用灯为佳。
图片提供 _ 唯光好室

Q 25　进入卧室就想好好休息与放松，在照明上有哪些配置重点？

主卧的色温约 2800K，但若是男孩或女孩房建议采 4000K 比较明亮清楚。

卧室是睡眠的地方，也是个人放松的所在地，因此建议色温最好不要高，2800K 左右较佳。但若是孩童房，则会受性别及年龄层有所不同，其照度也会有所调整，像学龄前或就学时期的小孩因待在房间里玩游戏或阅读，甚至使用电脑，因此房间色温不宜太暗，以 3500 ~ 4000K 为佳。除此之外，在规划卧室照明时有几点要注意：

1 采光窗迎进自然光源，并利用窗帘调节：卧室最好要有一面临外的窗户，除通风考虑，更是采光的来源，因此当人工与自然光源整合时，必须顾虑到窗户大小、位置高低及阳光直射方位作为采光的考虑重点。卧室里光线的调节是很重要的，要有助于安眠作用，因此可利用窗帘或家具的摆放来调节。

2 卧室内的照明光线不宜太强，2800K 为佳：卧室照明可用整体或局部照明互相搭配使用。当为了营造气氛时，可单独使用局部照明。当使用整体照明时，应在门口及床头设置开关，好让人一脚踏进卧室时，便有亮光出现，并在入睡时只要伸手即可关闭，不必跑老远。

3 设置人工照明，光线不可直射床上：另外，在工作区采用局部照明，例如书桌、床头照明及化妆台等等，但要确定光线不可直射床上，以免使人感觉到不舒服。而且卧室的照明，最好取得光线上下辉映效果，像是床头灯、落地灯可以采用半透明灯罩，让灯罩上头的光照射至天花板，灯罩下的光线可射到地板，形成漫射光线，增添浪漫氛围。

4 避免在天花板使用太花哨的悬顶式吊灯：因为花哨的悬顶式吊灯会使房间产生许多阴暗角落，也会在头顶形成太多的光线，甚至造成一种压迫感。

5 在床边装设与门边开关连动的开关：方便在睡前不用再特地下床去将灯光关掉，或者半夜起床还得摸黑找开关。

卧室的照明宜柔和，因此色温 2800K 左右，照度约 50Lux 即可。图片提供＿御见 YU Design LAB

Q 26 如果靠在床头阅读，有没有适合的照明设备可选用？另外，除了床头照明外，卧室还有哪些照明必须考虑呢？

床头灯以阅读灯为主，且偏黄光较佳，并与化妆台灯及洗墙灯相辅相成。

现代人习惯在睡前阅读，以前是看书或杂志，现在多半是使用手机或平板电脑，但无论是哪一种，切记光线不宜直射床头。至于如何挑选，设计师们提供几项要点：

图片提供 _ 由里室内设计

睡前有阅读习惯的使用者，可选择灯臂可弯曲的灯具。

1 卧室床头灯以阅读灯为主：放置阅读灯最适合的位置是在头部的侧后方（要视睡觉的位置决定左后侧或右后侧的上缘，以不挡到人产生阴影为主），但通常是置于两侧床头柜上。灯的形式以桌灯或壁灯为主，灯臂最好是可以弯曲的，以便随时可调整到适当的位置，如果空间不够大时，也可选择夹式聚光灯作为阅读灯具。

2 床头柜上的桌灯以黄光为佳：早期床头灯会以钨丝灯泡为主，以便产生温馨的灯光氛围，但现在由于LED灯或省电灯泡都有黄光产品，已渐渐取代，另也可以透过带有暖色系的灯罩来加强这个效果，但挑选时注意空间照度要有 150～300 Lux 才够亮。当然，若不以阅读为主，则可采用具有奇幻效果的壁灯或装饰性镶壁烛台来制造浪漫的气氛。

3 还有洗壁灯、化妆镜灯相辅相成：除了床头阅读灯外，卧室会用到的灯光不外乎照射画作的洗壁灯，及方便化妆卸妆的化妆镜灯。前者，可突显画作或墙面的质感，后者则建议放在靠近自然光源的地方，并在前端以辅助照明的灯具补强。为了避免光线在镜面上产生不美观与刺眼的现象，最好是从镜子的左右两侧投射出来，而不是从上而下散射。

在衣柜的吊衣杆内安装感应LED灯，当打开衣柜大门时即亮灯，方便寻找衣物。图片提供 _ 袁宗南照明设计事务所

4 衣柜里加装 LED 灯具找衣物超方便：袁宗南设计师强调，其实衣柜内的光源更应该被重视。他建议不妨将不易发热的 LED 灯装在吊衣杆内，当人打开衣柜时，即感应亮灯，方便寻找衣物兼照明，使用才会更为便利，更可以透过微微带黄色的灯光，挑选出合适的衣物。

Q27 卫浴空间的设备该如何配置才能兼顾实用与安全？灯具选择上需特别注意什么？开关位置何处较佳？

采用间接光源营造卫浴轻松氛围，同时在淋浴间、马桶及洗脸台加强照明。

卫浴空间的照明设计，依功能可区分为两部分：一是洗澡及如厕空间，另一则是脸部清洁及整理部分。而规划的重点如下：

1 淋浴间及马桶采用柔和光线为主：以大约 1 坪大小的卫浴空间，光源只要约 60W 便足够了。而且对光线的色温指数也不要太高，大约 1000K 即可。但在灯具挑选上最好能具备防水、散热及不易积水等特性。全卫浴空间由立面到地面都采用白色磁砖墙，则建议灯光照明越黄越好，才不会太过死白。若是卫浴空间采用灰黑色的磁砖，则灯光最好照度高一点，以免显得卫浴空间太过阴暗。

2 灯具设置在马桶前面上方为佳：相对而言，卫浴空间对光线显色指数要求不高，因此几乎什么灯泡都可以安装，但顾及墙面光的柔和度较天花板佳，所以建议不做主灯，改采用局部灯光照明，如马桶前面上方向墙面打光，一来比较柔和自然，二来则减少天花板带来的阴影效果。同时在淋浴间，马桶及洗脸台加强照明。

3 灯具最好的安装位置，就是水源碰不到的地方：在挑选灯具时，最好本身具备防水、散热及不易积水等功能。材质建议最好选择玻璃及塑料密封为佳。同时，卫浴空间因比较潮湿，所以在安装电灯及电线时要格外小心，且灯具及开关最好选择有安全防护功能的产品，电线接头及插座最好不要暴露在外，或选择防潮防水开关面板，防止漏电等意外事故发生。

挑选卫浴灯具时，材质建议最好选择玻璃及塑料密封为佳，本身最好具有防水、散热及不易积水等的功能。图片提供 _ 唯光好室

Q28 卫浴镜面的灯光要如何配置才会看起来气色佳？

镜面灯光配置要避免阴影，且采用显色性能较好的灯具为佳。

除了卫浴的全室照明外，鉴于越来越多人将化妆及卸妆的动作，在卫浴间处理，因此洗脸台的照明设计逐渐受到重视，若想要有好气色，有几点必须注意：

1 安装在镜子两侧优于顶部：顾及化妆效果，因此照度及光线角度很重要，设计师建议最好将光源安装在镜子两侧，会较好，其次才是头顶上的光源。最重要的是要顾及是否会在脸部产生阴影，若有则必须再调整。

2 可选择显色指数较高的灯具：由于有化妆功能要求，因此对于光源的显色指数要求也会比较高，基本上像 T5 的三基色荧光灯及暖色系的 LED 灯等超过 60W以上的亮度，都是很好的选择。

3 在镜框内及地坪加灯增加气氛：如果卫浴间不大，除了天花的基本照明外，建议在镜边加灯即可。但若是卫浴间较大的空间，则可以考虑多种灯光搭配，如壁灯或投射灯，甚至还可以在镜框内或下缘，甚至部分地坪加装一些背景光源，以增加气氛，只是地坪下的灯源要注意防水要求。

Q29 我们家供佛，灯光要怎么打，才能把神明桌营造得很有艺术感呢？

佛像上方打灯营造庄严感、背景光打出晕开感营造柔和氛围，或利用光板设计打造琉璃佛像。

应现代的室内设计，神明厅的摆饰也更走向现代明亮的感觉，而灯光更是营造神明厅宁静稳重的重要元素，规划重点如下：

1 善用头顶筒灯，营造宁静氛围：如果是不透光材质的佛像，则因考虑佛像的庄严感，建议在头顶上方采用窄光筒灯投射在佛像上，打亮佛手、佛印和佛像的面部，妆点出佛像面容给人一种崇高祥和的感觉。

呈现完好的化妆效果，照度及光线角度很重要，最好将光源安装在镜子两侧，T5 的三基色荧光灯及 LED 灯都是很好的选择。
图片提供 _ 润泽明亮设计

善用佛像上方及背后光带，为佛像营造出庄严宁静与祥和的氛围。

图片提供｜大湖森林室内设计

2 在背景下方打光营造柔和氛围：仅是头顶打灯是不足的，为营造周围柔和的氛围烘托，建议在佛像桌子后方用隐藏灯带，往上打出晕开的效果，让整个佛像桌呈现自然宁静，色彩纯净的氛围。

3 利用 OLED 由下往上打出琉璃佛像透明虚无感： 袁宗南设计师表示如果佛像采用琉璃等透光材质营造，则建议可以用 LED 光板或最新技术的 OLED，让光由下往上打，让佛像呈现虚无的透明感。

什么是 OLED

Light Box

图片提供 _ 袁宗南照明设计事务所

OLED 也就是有机发光二极体（Organic Light-Emitting Diode，简称 OLED），使用温度范围广，从 -40° 到 85° 均可稳定工作，集轻薄短小、精致灵敏、色彩鲜艳、省电等特性于一身。OLED 的优点是自发光，不需背光源模组及彩色滤光片，不仅重量轻、厚度薄、耐用性高，还没有无视角限制，视角广达 170° 以上。由于 OLED 有极大的造型设计空间，因此在灯具的制作上能有许多创新的设计及视觉突破，而且在灯具安装空间极小的情况下也能使用。目前 OLED 已运用于手机、游戏机、音响面板、数位相机、汽车导航系统、电子书、笔记本电脑、电视等。

Q 30 规划一个艺术品的展示空间，在照明设计上有哪些要点需注意？

最好采用冷光灯具，不会产生高温照射，以提供艺术品最佳保护。

不同于商业空间，艺术品及画作是空间焦点，因此会利用较高的光差来为作品聚焦。但在住宅案里，则为空间加分装饰品，主要的是展示屋主的生活品位，因此在照明上有几个地方要注意：

1 三波长冷光灯具较为适合：传统的钨丝灯或石英灯长时间集中照着一个点，对画作容易造成极大伤害之余亦会耗用大量电力，非常浪费资源。然而无论是画作、雕像还是古文物，价值均无法计算，因此灯具最好选择不会发出热光的三波长冷光灯具取代。

2 以分散及集中两种照明呈现效果：油画表面有光泽，不适当的光度会造成反光情况，使观众要迁就角度观赏，而且光差对比太大也容易令双眼疲惫。因此建议利用嵌灯及间接光源去达到「分散、阔角度」；另外在画作上，则采用 LED 投射灯的「集中、窄角度」洗出两种不同照明的呈现效果。

3 雕像及画作，照明重点大不同：无论是雕像还是画作，灯光配置要有全面性，不能只打出局部，但雕像着重于善用阴影营造出立体感，而画作则讲求清楚呈现画质细部，光源要平均，因此画框的四个角都要顾到不可有阴影。

4 选择活动投射灯可视作品调整光源角度：家中的艺术作品会因屋主喜好而变更，因此建议投射照明设备要选用可调式，让灯光可以依艺术品的大小做调整。

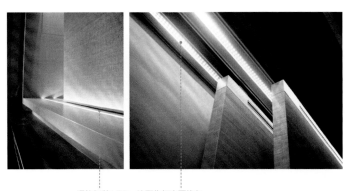

滑轨加装 LED，让画作打光更均匀。
图片提供 _ 袁宗南照明设计事务所

有别于其他区域的基础照明灯，灯光感受比较淡，艺术品用灯会选择聚光效果较好的灯，利用藏在天花板里的铁制方形 LED 嵌灯，将光线投射在画作，呈现画作的内容与质感。
图片提供 _ 璞沃空间

规划艺文展示空间时，可在天花板运用投射灯，让艺术品或画作的每个细节都能看得一清二楚。
图片提供 _ 袁宗南照明设计事务所

Q 31 **连续不同空间的楼梯或是走廊的灯光要怎么配置比较好呢？**

楼梯与走廊的照明以明亮安全为主，并在动线的交错及起点加强照明。

　　楼梯与走廊动线的安全是家居设计的重点之一，尤其有老人或儿童的家庭，更要考虑其夜间行走的照明，以提升居住的舒适与方便性。在灯具的选择上可使用较为省电的 LED 灯，配置上可以依据不同面向掌握以下要点：

　　1 楼梯照明：

　　（1）利用踏阶作线状导引灯光，线性灯光也可增加空间的装饰性。

　　（2）在走道侧墙及楼梯踏阶的侧立面或正立面安装小嵌灯，同时达到灯光导引和照明的功能。

　　（3）在楼梯的转角处设置吊灯，让视觉更有停驻点。

　　（4）在墙面上安装上下照式的壁灯设计，提供阶梯与扶手不同区段的照明与装饰效果。

　　（5）在动线上的光源提供可选择省电的 LED 灯，如此就不用担心耗电的问题，24 小时都可以点亮。

　　2 走廊照明：

　　（1）走廊上方多为管道设计，导致天花板较低，建议在此处的照明不要太过复杂，以简单功能性为主，在房间出入口加强照明即可。

　　（2）在走廊端景，搭配造型别致的壁灯，也能当作晚间的夜灯。

走道的照明集中在房间的出入口处，同时最好在走道的底端利用灯光做端景墙照明，为走道带来趣味感及焦点。
图片提供 _ 光合空间设计

在楼梯踏阶的侧立面安装小嵌灯，导引楼梯动线。
图片提供 _ 欧斯堤有限公司

结合扶手做嵌入式照明，照亮每个台阶以保证行走安全，并在楼梯的入口处再做加强照明。
图片提供 _ 光合空间设计

如果与老年人同住，在家居照明光源的选择和配置上有哪些需要特别注意的地方？

维持空间明亮，特定区域加强重点照明，并善用感应灯具与双切开关更为便利。

　　家中若有老人家一起居住，由于其体力、平衡力、视力、听力慢慢退化，因此在家居环境的规划，安全很重要。在照明配置上更有许多要注意的地方：

　　1 长者卧室色温约 4000K 为佳： 因为老人家的视力衰退，室内光线应明亮，以减少因看不清楚而绊倒的机会，同时房间开窗使光线充足、空气流通，但窗户应避免晨昏时阳光直射，可装设纱质窗帘阻挡刺眼的阳光。

　　2 在门口及床边采用双切开关设置： 长辈房间的电灯最好使用双开关，分别置于门口及床边，方便使用。因为若老人需离床关灯才能上床就寝，容易在关灯过程中因环境骤暗而跌倒，并建议开关采用有夜灯产品较佳，在夜晚时有指引作用。

　　3 建议在动线上使用感应式夜灯： 老人家在夜间如厕时可辨识环境，而灯光最好设置在低于床板高度的灯源，可使长辈躺在床上时眼睛不会直视灯光，且接近地板的光源可照亮路径，避免行走时绊到物品。

　　4 在药柜加装灯光照明： 老人家的药品很多，因此建议将老人家的药品柜设置在房内，旁边并附温水开饮机，以避免老人家行走的危险性。但这区域建议最好安装灯光，让老人家可以方便寻找要吃的药物，同时操作饮水机时也不会烫伤。

　　5 要在家中安装紧急照明设备： 楼梯及走道通常较为昏暗，应装置照明设备。除此之外，更建议装设紧急照明，有助紧急事件时逃生安全。这类的照明或紧急照明的位置可略高于头部，以便照亮整个空间，也避免眼睛直视感到不舒服。

图片提供 _ 欧斯堤有限公司

接近地板的感应式夜灯，可照亮行走路径。

Q 33 由于小朋友爱玩手机及 iPad 导致近视快速加深，请问在家里的照明要怎么处理？让他们的视力不会加剧恶化呢？

以整体照明与局部照明综合应用，避免环境光差过大，并选择光度稳定之光源，眼睛才不会疲劳。

如今，手机几乎人手一台，即便是小朋友也是爱用者，但长时间面对蓝光波长背光荧幕，很容易得青光眼，促使新一代的近视概率大增，因此在家居照明上，设计师们建议：

1 环境光源充足，避免光差过大：别因为 3C 产品（计算机类、通信类、消费类电子产品）本身有光源，而忽视阅读时的照明，避免在阴暗处使用 3C 产品，是最基本的常识。建议先规划孩子们一定要在光线充足的地方玩 3C 产品，如书桌或阅读区域，利用环境的整体照明，及书桌的重点照明，才不易导致视力受到影响。而且重点照明位置应在头部上方约 20 ~ 30 cm 处为佳，照度 450 ~ 750 Lux 为主。

2 选择光度稳定的灯具：阅读区域的光源，最好稳定度高，不要有闪烁的现象，市面上的无眩光或无闪频 LED 灯具都可以考虑。传统的电感式镇流器或是瞬时启动无预热型电子安定器，较为耗电、易产生闪烁，较不佳。而现在市面上的 T5 日光灯均采用预热型启动电子安定器，较不易闪烁，购买时宜特别留意。

以整体照明与局部照明综合应用，避免环境光差过大，并选择光度稳定的光源，眼睛才不会疲劳。图片提供＿光合空间设计

Q 34 挑高空间的照明该如何进行规划？

挑高空间通常都不会只有一种照明设备，需增加辅助照明。

挑高空间的照明环境，因为其垂直高度较高，需考虑灯具的款式、投射方式与安装位置，除了维持基本照度之外，也要考虑到日后清洁与更换灯具的方便性，李智翔设计师与沈冠廷设计师建议：

1 选用照度高的灯具。

2 搭配地面可活动灯具。

3 避免在挑高天花板上装设灯具，建议以反射式壁灯或可调整高度的地灯替代。

此外，沈志忠设计师举例，如果空间挑高达到6m，那么装设主灯照明只能在3m以上的空间，3m下的空间可以考虑以洗墙灯作为辅助光源。尤其主灯灯具高悬，通常都不太可能时常清理更换，辅助灯具就必须达到亮度足够，甚至具有情境照明的效果。

挑高空间可搭配各种不同的照明手法来打亮空间。图片提供—十田设计

Q35 家中天花板不高，可以透过什么样的照明手法，让天花板不会那么有压迫感呢？

透过反射天花设计搭配灯具，光线反射拉高天花板，另在近地板处打灯，可降低空间压迫感。

灯光不只能变换气氛，有时还能改善空间的缺点，只要注重传统容易忽略的角落，就能有意想不到的效果。像是面对天花板不高的情况，除了在天花板上利用反射性材质，拉高天花板的视觉效果外，在灯光的搭配设计上，还有以下几种手法：

1 **采用反射性材质天花板，并将灯光往上打**：想让天花板看起来更高，可以将光源往上打，透过光线漫射至反射天花板并将光源放散出去，会让天花板有被往上延伸的视觉效果。

2 **让光由天花板四周发散出来**：将天花板压低，并将光源设计在天花板四周，打向墙面，洗墙而下，透过光晕效果会有拉高天花板的感觉。

3 **在低处打灯使下方空间具有漂浮感**：除了往上打灯外，还可以在近地板处的柜体或层板下方埋放灯管，一打光，下方就会散发柔和的光彩，地面有退缩效果，挑高瞬间增长，并可在柜体的上方再做间接照明，空间就更有上下拉长的感觉了。像是鞋柜、边柜、床头柜，都可以采取此种设计，光线更柔和，也使家居更宽阔。

通过反射天花板的设计，搭配灯具光线反射拉高天花板。
图片提供 _ 御见 YU Design LAB

Q 36 **如何透过灯光设计，让小坪数空间有放大感呢？**

让墙面发光，或打亮天花板与地板，利用光感放大空间。

　　面积较小的房间，若只是在一个中央安装一个吸顶灯，反而会让四个角落更黑暗，使人感觉更为局促。其实灯光在视觉上有放大空间的魔力，因此想要在空间营造放大术，从照明着手是一个不错的手法。

　　1 让墙壁均匀着光：建议要让墙壁均匀着光，例如打上全区域都均质的光线，才会放大空间，最好墙壁还配合漆上浅色色彩，如白色或浅蓝色、灰色等，有放大空间的效果。

　　2 在转角处装上壁灯，上下放散灯光：常见的改善做法，是在四个角落转角处，装上壁灯，灯光往上、下，或左、右两边的墙上打，就会均匀，而且照亮了所有边界，可使房间看起来比较大。

　　3 利用立灯往上打光源：若是遇到挑高较低的空间，可以利用立灯，且灯罩上下都有开口，让光源可以往上及往下照射，会让天花板有高度拉长，放大空间的效果。

　　4 柜体下放隐藏灯光：设计师最常运用的手法，就是在鞋柜、玄关柜等，常做成不与地面相接，离地有一段空隙的设计，就是藏放间接灯光的最佳位置，让柜体漂浮，也有放大空间的效果。

为了在 9 坪（约 30 平方米）的空间减少大型灯具，此案例主要使用间接照明。立面上的玻璃层板内藏有 LED 灯条，同时搭配天花板的投射灯，为居家空间制造不同的视觉亮点。
图片提供 _ 奇逸空间设计

Q 37

灯具如何与家具配合，才能与空间设计融为一体？

灯光本来就是室内设计的一部分，融入家具中，会让它的功能更多元，也让家具不再只有家具的功能。

我们常说灯光美、气氛佳，其实就是通过各种灯具光源的投射方向，改变空间中光线的强弱，营造环境的气氛。而如果灯光能和家具融为一体，更能为整个空间设计加分。

将灯光加入到屋主重视的家具中，强化设计感，是沈志忠设计师的贴心设计。

如下图墙面上原本造型单纯的 CD 架，结合了灯体后功能性变强，从收纳柜变成书墙及展示柜，更具有灯具效果，墙面宛如有线条画过，成为客厅中最吸引目光的焦点。

灯光结合 CD 架的设计。
图片提供 _ 沈志忠联合设计

间接照明烘托餐瓷的美感，住宅整体概念为回归至质朴无华的简约基调，然而在通往厨房的过道上，特别利用红色烤漆冲孔板作为餐柜的立面材料，在淡雅配色的空间下创造视觉亮点，因业主有收藏餐瓷的爱好，柜体中段镂空设计成为展示平台，上端藏设LED 灯光烘托出餐瓷的精致质感。
图片提供 _ 水相设计

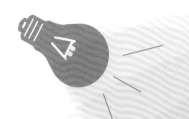
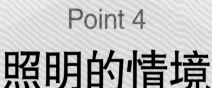

Point 4

照明的情境

照明除了实际的功能性外，也有引导视觉，将想在整个空间环境中被注意到的事物，从背景中挑出来，或是使用装饰型灯具、搭配颜色、图案及动态灯光设计，营造出戏剧性的效果。在选择光源或灯具配件时，辅以特殊效果的光效，就能让空间的情境大不相同。

在有色墙或白墙为主的不同空间中，该如何选择适合的照明光源？

考虑空间整体的照度条件，和欲强调的重点墙面，选用适当的照明光源。

以白色墙面为主的空间，相较于有色墙面尤其是深色墙面为主的空间，基本亮度较为足够，所以在光源的选择上，标准也会有所不同。沈冠廷设计师表示，有色墙面须注意两件事：

1 壁面颜色越深，照明亮度越需相对加强。

2 灯光的演色性（CRI=Color Render Index）尽量要高，以防止色彩偏差。

而白墙照明设计上选择性较丰富，有几个常用技巧如下：

1 利用彩色灯光洗墙营造气氛。

2 利用灯具投射光的角度大小创造光的韵律（Light Patterns）。

3 创造光影产生趣味。

如果是要凸显有色墙面主体性，考虑不同的材质，光源照射也会形成不同的效果。沈志忠设计师以 25W 黄光卤素灯作为照明，让紫色烤漆玻璃的大墙面出现光影的对比和反射的律动感，呈现出主体性艺术感，让餐厅的通道墙面成了让人难以忽略的主角。

选择适合的色温和高演色性的灯具，凸显出有色彩的墙面。
图片提供 _ 沈志忠联合设计

Q 02 木质空间适合何种色温的光线和照明的配置营造温暖的气氛？

表现木质空间的温润感，以暖色调光源最适合。

如何表现与衬托出木质空间本身特有的温润质感，选用色温 2800 ~ 3300K 自然的暖色调光源较为适合，其中以 3000K 不会过黄或过白的光源为主流。在照明的配置上，沈冠廷设计师认为，可由适度的天花或壁面的间接照明，以及重点投射照明交错酝酿出，活动式灯具也常具有令

白墙可以用灯光颜色和不同的投射角度创造光影变化。图片提供 _ 水相设计

自然黄光营造温暖的木作气氛。图片提供 _ 水相设计

透过各种角度交错投射照明，营造更为生动的情境。图片提供 _ 沈志忠联合设计

人意想不到的视觉效果。沈志忠设计师则提到，如果木质空间有搭配格栅式的天花板进行装潢，那么由上往下的照明，更可以表现出木空间光影变化的律动感，若再加上侧面的辅助光源，更能呈现出墙面漂亮的纹理。

图片提供 _ 沈志忠联合设计

Q03 玻璃隔墙的灯光如何进行配置,可保证既有空间穿透感又具美感?

较暗的灯光才能表现出空间的通透感。

在商业空间的设计中,如何让空间感变大,是很重要的技巧,玻璃和灯光是最常使用的魔术工具。而想要营造出空间感,不能使用太亮的光线,微微的黄光,让它有点状的聚焦感,不但实现照明功能,也利用反射的效果,形成层层叠叠的穿透感。

右图为沈志忠设计师利用玻璃等七种不同的墙面材质,搭配色温2000K左右的LED灯,借由不同材质折射出不同的光感,巧妙地营造出一条深邃长远地的走道。由于这是一家讲究隐私的SPA,设计师更在开关上加上调控,营业时可以随时调整灯光的亮度,走道地面上的灯座摇曳着蜡烛的光影,与SPA的气氛更是相辅相成。还有隐藏式的LED灯带,在打烊之后就可以大放光明,方便工作人员清理与打扫。

Q04 灯不只是照明工具,在现代化的设计中,造型灯具如何成为空间亮点?

造型灯具其实会随着时代而改变,应依地点和重要性来配置。

巧妙地运用具有设计感的造型灯具装点空间,除具实用功能之外,又可替空间提升不少质感。沈志忠设计师强调,五年前吊灯仍然是客厅主流灯具,而近年来流行极简风及利落的设计感,灯具不再是主轴,但往往是画龙点睛的视觉焦点,他建议要先掌握好空间语汇与材质特性再来选灯具。当灯具位置正好在住家各区域重叠的动线上,不管走到哪里都能看到它,那么选一盏设计感十足的灯具就很重要。举例来说:由钢构玻璃和手工钨丝灯泡组成的进口灯具,优雅的造型和光线,十分适合用餐情境,而且不管从什么角度都能欣赏到它的美。

可以活用不同高度的灯光，例如吊灯、立灯、桌灯、落地灯等，表现照明不同的高度和层次。图片提供 _ 水相设计

Q o5 **现代简约风的家居，安装怎样的照明灯具，可以有设计感又能有足够照明？**

空间整体表现以简洁设计为主，兼具现代感和造型的灯具，可以表现较强烈的风格。

现代风的家居大多没有太繁复的设计，而以明亮的空间感或几何造型为重点。沈志忠设计师认为，自然光的色温，高功率的 LED 日光灯，是很好的选择，只要再加上可微调的控制，就能依空间需求表达出想要的层次感或想凸显的重点。

图片提供 _ 沈志忠联合设计

由于现代简约风的空间大多比较偏向展现个人风格或独到品味的设计，因此有科技感或比较前卫的设计也是可以考虑的方向，沈冠廷设计师就建议，简约风的设计可以隐藏所有的灯具，让光线自己来说话。

Q 06 乡村风格的空间，可以选用何种照明灯具，衬托出朴拙的美感？

烛台式吊灯是设计师公认表现乡村风最好的选择。

提到乡村风，大多都偏向呈现建材的原始朴拙美感为主，或是表现出时间走过的痕迹。因此，会大量使用木头材质的装潢、木制家具，以及使用棉、麻、马赛克拚贴等天然建材材质，营造出自然与温馨的感受。沈志忠设计师认为，蜡烛造型的大型吊灯最容易成为空间的焦点。如果是餐厅的灯具，配合 E12 灯泡，将光源方向往上投射，更能营造出情境照明的效果。

图片提供 _ 沈志忠联合设计

Q 07 粗犷 Loft 风的家居照明灯具可以怎么做选择？

金属或工业风的灯具，可以表现出粗犷不修饰的美感。

Loft 风格的空间没有太多余的装潢，设计上通常没有钉天花板，需要用主吊灯、轨道灯、立灯来打亮空间，李智翔设计师建议，选择具有产品原始样貌的工业风格最为恰当，如金属吊件加轨道灯、钨丝灯泡或 mid-century 风格的灯具。

图片提供 _ 十田设计

对没有细腻装潢，空间简单粗犷的 Loft 风，可以采用金属或工业风，甚至是探照灯式的灯具。其实，灯具应该要搭配空间做变化，如果选择造型特殊有个性的鹿角灯，也很能成为好的点缀。铁皮灯罩搭配光源外露或是古董灯具，都是十田设计沈冠廷设计师认为能够贴切表达 Loft 风格的照明工具。

图片提供 _ 十田设计

选择传统日式风格的大吊灯，呼应人文禅风的整体设计风格，保留开阔氛围并添加视觉层次，营造出空间亮点，纸纤的细腻与优雅质感，与清水模墙面交织出冷暖平衡的美感。图片提供 _ 日作空间设计

Q08 日式风家居环境最适合搭配何种灯具？

日式空间大多以木制家具为主，柔和圆融的灯具最能凸显和风禅味。

　　布面的灯具，或半透光材质的灯具，所散出的灯光效果最为柔和，是李智翔设计师心中认为与日式沉静的风格颇为搭配的灯具。若想表现东方情调，灯笼造型可以完美地诠释，沈志忠设计师在日式家居中常见的茶室中，安排线编的灯罩，灯笼式的浑圆设计，让浓浓的日式风情随着光线流淌而下。沈冠廷设计师则建议可以使用纸制灯具，像纸灯笼，其他如竹制灯具或竹制灯罩，也十分适合日式禅风。

灯笼式灯具设计弥漫着一股日式风情。图片提供 _ 沈志忠联合设计

Q09 古典风家居环境最适合搭配何种灯具？

古典风格的呈现手法大多强调细致与带点皇室品位的奢华，线条或做工繁复而带有华丽感灯具最能表达出视觉上的享受。

带点华丽设计或镶有水晶的灯具，较能表现出古典又低调奢华的韵味，沈志忠设计师对右图这盏屋主自己的收藏品印象深刻。这盏以铁线绑绕成格子状的灯具，手工十分精细，特别的设计就在每个格子上都镶有一颗水晶，当温柔的光源透射而出，就会因为水晶折射，在墙面上形成特殊的光影变化，搭配造型古典的镜子或家具，让空间气氛增添浪漫，称得上是古典风的代表。

图片提供 _ 沈志忠联合设计

Q10 北欧风家居环境最适合搭配何种灯具？

造型简单或具混搭味的灯具，完美演绎北欧风格。

北欧由于气候寒冷，有着雪地、森林和丰富的自然资源，生活品质良好，因此有着独特的室内装饰风格，清新而强调材质原味，铁件、玻璃、原木是常见的建材，适合造型简单或具混搭味的灯具。

简单但时髦的北欧风，其实可以搭配有点年代的经典设计灯具，更能提升质感，选择灯具时应考虑搭配整体空间使用的材质，以及使用者的需求。一般而言，较浅色的北欧风空间中，如果又有玻璃及铁件，就可以考虑挑选有类似质感的灯具。60 年代碳纤维结合玻璃纤维材质制成的知名灯具，灯体灯泡的缠绕弧度十分有特色，搭配木质空间选择银色而不选金色，可以和周边的不锈钢和玻璃互动反射，达成空间和谐感。李智翔设计师建议采用造型几何简单，色彩是白、灰、黑的、原木材质的灯具。而沈冠廷设计师则推崇 Louis poulsen 的灯具，和北欧风很搭。

有什么渠道可以定制独一无二的灯具？

想打造一个属于自己的独特空间，有设计感的灯具绝对是布置的重点。而一般灯饰店和工厂都能代客量身定做灯具。

李智翔设计师指出，中国台湾大多数的灯具厂商都可以依据图面为客户量身定制灯具。不过沈志忠设计师则提醒大家，中国台湾业者是有灯具定制，也有不少复刻版灯具，只是不如原件细致，但自购灯具如果是 RMB.1 万元，自制灯具可能要 4 万元，价格不菲，可以衡量自己的需求做决定。

沈冠廷设计师则表示，特殊灯具一般都可以透过灯饰店或是木／铁工厂直接定制，也可以将需求告知照明设计师，由设计师根据空间及想呈现的效果加以统合完成，精致度、完整度会更高。

定制款灯具可依个人喜好打造，但价格较高。图片提供 _ 由里室内设计

Q12 **如何用照明达到疗愈和舒压的效果?**

现代人工作紧张,回家就想远离压力,适当的照明帮助舒压,让人更能放松心情。

一个空间是否给予人放松缓和之感,灯光气氛的营造往往可以产生最直觉的影响。一个空间要达到令人放松舒压的情境,在灯光照明上要注意以下几点。

1 明暗对比:整体对比不可过高,最亮处与最暗处照度落差小于 3:1。

2 平均照度:整体平均照度勿超过 500 Lux,建议值为 350 Lux 以下。

3 色温选择:适合疗愈及舒压的颜色有淡绿、淡蓝及淡紫色系。

图片提供 _ 水相设计

4 间接照明与直接照明:光源要柔和,避免过多直射性的光源,例如投射灯,最好借由灯光反射的效果打亮空间,视觉不要直视灯具。

Q13 **如何运用灯具造型与照明的变化,打造奢华多变的派对气氛,让访客眼睛为之一亮?**

具现代感线条的灯具,和呈现梦幻般色彩的照明,最能吸引目光。

明亮的光线是绝对必要的关键,再借由灯光或加装一个光线调节器,适时用可调整式的照明或灯光的颜色表现热闹的氛围,甚至可以配合音乐,就能满足不同情境的需要。

沈冠廷设计师指出,要营造奢华多变的派对气氛,适合使用造型特殊的一系列灯具,包含吊灯、壁灯、桌灯、立灯等,来创造令人惊艳的第一印象。另外可于重点区域营造彩色间接灯光,依需要适当开启,营造宾主尽欢的夜晚。

图片提供 _ 欧斯堤有限公司

**若想透过窗户欣赏美丽的夜景，希望室内仍有基本的亮度，
但又不致干扰到窗外景致，该如何解决？**

利用局部可调整光源，把美丽的夜景引进室内来。

从高楼层远眺窗外如银河般闪闪动人的夜景，如果此时窗户却映照着室内的
一景一物，会让欣赏夜景的情调大打折扣。最好的方式是将全室的灯光关闭，但
如果为了走动上的安全，仍想维持室内基本的照度，可以从以下方面去着手。

1 关闭主要照明设备：将环境光源关掉，开启装饰性灯具，如立灯、桌灯、
落地灯加上局部投射灯，避免干扰欣赏的视线。

2 开启的室内光源最好低于视线：沈冠廷设计师指出，由于夜晚内外照度差
异，室外暗而室内亮，夜间的室内落地窗如同一面镜子，因此更需注意调整由窗
前观赏者角度可见的任何刺眼灯光。在环境许可下，可预留间接照明于墙壁或地
板相接处，作为观赏夜景时的环境光源即可。

Q15 如何通过照明将夜晚中的庭院打造得具有情调与美感？
重点打亮部分景观，营造出观赏的视觉焦点。

夜晚的庭院，要装点出情调与美感，灯光的使用更需搭配园内的造景，沈冠廷设计师认为不宜过黄或过白，演色性越高越好，才能显现出植物的原有色泽。他建议采用暖色系 3000K 的光源，并且演色性指数要大于 85。

均亮并不是最好的选择，适度地提高重点景观对比，更能营造出有层次的效果。

因此，李智翔设计师认为善用地灯、树灯，将户外空间的照明分出明暗层次，并不需要像室内一样使用均质的亮度。

图片提供 _ 柏成设计　　　　　　　　　　　图片提供 _ 水相设计

Q16 想在餐厅旁的吧台打造宛如酒吧的灯光氛围，可以如何去做？

吧台通常不大，但却是家中令人放松的重点设计，营造气氛十分重要。

吧台可能是大坪数空间中的小角落，让人可以小酌放松，享受微醺的感觉；也可能是小屋子的多功能餐桌，实用与气氛都要兼顾。沈冠廷设计师建议，除了采取一般酒吧的低照度高对比昏暗灯光配置外，还可于吧台台面以透光材质内藏灯光，以彩色的灯光营造时尚与缤纷的氛围。

图片提供 _ 奇拓室内设计

Q 17 小孩多怕黑，儿童房的照明如何可以更有童趣？

儿童房的主要照明应该以维持明亮为原则，夜晚光源则应有让儿童入睡的安心感。

要让儿童房的灯光有童趣，也需兼顾孩子眼睛的健康，因为儿童房大多是小朋友主要的活动地区，依据不同的使用情况应该有不同强度的光源，除了主要照明，夜晚可以善用床头灯、预留小夜灯、选择较具童趣的灯，但要避免选择会眩光的灯干扰视觉。

沈冠廷设计师强调，儿童房应该避免只有单一照明开关回路，而是设置不同回路，以符合睡眠、游戏、阅读等不同使用需求，并增设调光回路，灯具方面可以选择儿童喜爱的主题，在墙壁制作相关图案的间接灯具以增加趣味。李智翔设计师建议在主灯外，可选择部分有趣味的造型壁灯，或在角落加上夜灯设计，儿童既不会怕黑也比较安全。

蜡烛可以点缀家居情调，但使用上要留意安全。
图片提供 _ 非关设计

LED 蜡烛灯。图片提供 _ 飞利浦

Q18 **如果不依赖灯光，有没有什么方式也能简单营造具有光线的空间情调？**

蜡烛或特殊灯具，都能营造不同的气氛。

蜡烛是古代人的主要照明工具，但在现代，有着不同颜色、造型甚至带有芳香气味的各种蜡烛，却在特殊场合取代灯光，成了制造浪漫气氛的工具。很多人喜欢在卧室、餐厅或泡澡时点上蜡烛，欣赏光影摇曳的美感，但考虑安全起见，最好用烛台或放置于玻璃瓶或灯具中。一盏造型特殊或别致古怪的灯具，也能创造出不同气氛的生活氛围。

Q19 **客厅是放松休闲的地方，也是全家人的交谊厅，还兼具阅读的功能，所以需要不同的情境，能不能有什么方式让同一空间营造出不同气氛？**

先了解空间的光源需求，再营造出主轴焦点。

当同一空间需要不同表情时，沈冠廷设计师认为，可以增设照明情境控制系统，而这个系统应具有以下功能：

1 场景设定：透过不同回路的场景设定，如欣赏电影，品酒，阅读，聚会等，依照不同需求，调整各灯光回路亮度，在单一空间营造不同气氛。

2 调光功能：根据在空间中从事的活动不同，会有不同的亮度需求，视情况做适当调整，不仅符合实际需求，更能节能。

场景开关

调光开关

白天日照相当充足，即使不开灯，业主也能在卧室看书。
图片提供 _ 璞沃空间设计

卧室晚间摇身一变，成为观赏极光的小天地。由于本案例的业主非常喜欢极光，于是设计师请一位专门画星空彩绘的艺术家在床头墙面作画，白天或不开灯的状态下，完全看不到特殊油漆；不过，夜晚在荧光灯的照耀下，极光瞬间出现。图片提供 _ 璞沃空间设计

图片提供 _ 沈志忠联合设计

一个客厅多种风情，左图为沈志忠设计师利用不同的光源来表现，立灯可以视为光的雕塑者，壁炉的柴火燃烧时也能呈现不同光影。光源的使用方式，要配合空间语汇与使用者需求，以及光影和空间的关系，这些都会影响灯具与色温的选择。

Point 5
照明的维护与使用安全

不论夜晚或白天，照明设备的使用频率极高，可以说与我们每日的作息紧密相关，正确地使用照明器具，以及定期地维护与清洁，才能延长灯具使用寿命，并确保生活空间的安全。

撰文_郑雅分　专业咨询_欧斯堤照明企划部经理 陈芬芳 / 东亚照明专案工程部协理 曾焕赐 / 东亚照明营业处工程技术部照明设计课副理 徐周弘

 平日使用照明设备有哪些地方要特别留意？

「用电安全」与「灯具温升问题」为首要注意重点。

照明设备与生活紧密相连，但也因为过于便利容易让人忽略许多细节，在此特别提出平日使用照明设备时需留意事项：

1 确认灯具与电源的电压是否相容。

2 注意灯具的电量负载。尤其轨道灯的轨道有额定容量，如果随意加灯超用则易发生危险，另外多盏灯具共用延长线同样要避免电量过载。

3 灯具安装过于密集易产生灯具的温升问题。因此，建议两盏灯之间应保持适当距离以策安全。一旦灯具内温度过高，会使安定器的温升超过容许范围，导致安定器、灯泡的寿命缩短，发生烧毁及灯座或灯具内部裂化现象。

4 灯具需与热源保持安全距离。一般瓦斯器具上方温度都相当高，若需安装灯具应与热源保持至少 1m 以上距离。

5 灯具置放地点应避开易燃物品，而且不能将布或纸张直接覆盖于灯具上，以免造成过热而引发火灾。

Q 02 浴室、厕所内的灯具会不会因受潮而更容易受损？有办法预防吗？会不会有漏电的危险呢？

选择防湿型或 IP45 防护系数的灯具，避免直接安装开放式灯具。

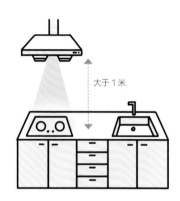

大于 1 米

1 东亚照明专家解释，所有电器在高湿气场所都有可能产生漏电的危险，而且灯具容易因空气中的湿度导致绝缘不良、反射板生锈等问题，所以不管是在浴室内还是屋外有水气、雨淋状况的场所，都应避免直接安装开放式的灯具，而需选择使用防水型灯具。此类型灯具依防水性能差异可分成防湿型、防雨型、防雨防湿型等三种，浴室内以防湿型为宜，但提醒在线路安装的接点上也需要有妥善的绝缘处理。

2 欧斯堤照明专家建议在潮湿空间中需选用防护系数 IP45 的灯具，才不容易因受潮而让灯具容易损坏，安装上则需使用防水型的接电方式来防范漏电危险，还有在维修、更换灯泡时也要注意保持干燥，以免发生危险。

IP 防护等级系统

Light Box

IP（International Protection） 防护等级系统，是将电器依其防尘、防湿气的特性加以分级。其防护等级由两个数字所组成，第一个数字表示灯具防尘、防止外物侵入的等级，第二个数字表示电器防湿气、防水侵入的密闭程度，数字越大表示其防护等级越高。

灯具防湿、防水进入的密闭性等级为 5

IP45

表示灯具的防尘、防止外物进入的等级为 4

· IP 防护等级分级介绍

等级	电器离尘、防止外物侵入标准	电器防湿气、防水侵入标准
0	无保护	无保护
1	可保护避免直径大于 50mm 的异物掉入	可在水滴垂直滴入时发挥保护作用
2	可保护避免直径大于 12mm 的异物掉入	水滴垂直滴入，外壳在倾斜 15° 范围内，可发挥保护作用
3	可保护避免直径大于 2.5mm 的异物掉入	可在喷洒水的状况下，发挥保护作用
4	可保护避免直径大于 1mm 的异物掉入	可在水喷流状况下，发挥保护作用
5	部分防尘	可在灌水状况下，发挥保护作用
6	完全防尘	可在强力灌水状况下，发挥保护作用
7	（无）	可在浸入水中状况下，发挥保护作用
8	（无）	可在连续浸入水中的状况下，发挥保护作用

 Q 03 大型的吊灯该如何考虑天花板的承重问题？在安装上要注意什么？

大型的吊灯该如何考虑天花板的承重问题？在安装上要注意什么？

大型吊灯除了提供空间照明，也是空间的聚焦装饰，不过，想在家中安装大型吊灯并不是只管挑喜欢的灯款就可以，欧斯堤照明提醒事先要注意以下事项：

1 若有设计师参与装修工程，可先向店家询问中意的灯具质量，再和设计师讨论承重的工程问题。

2 一般天花板承载重力是有限的，尤其大型或金属材质的吊灯都有相当质量，建议还是安装于水泥天花板上最好。

3 如果只能安装在木作天花板上，需在木工施作前，先于天花板上固定好特制的壁座及吊链，施工上也需要特别小心。

4 一般装潢常见的矽酸钙板天花，其实是无法承重的，因此，想安装吊灯的话一定要以木芯板或角料再作加强，一定要请专业的灯具师傅或设计师先行评估，避免买完灯后才发现无法安装的问题。

Q 04 台灯或立灯的用电量高吗？是否可以与其他电器共用延长线呢？或者应该独立插座呢？

台灯或立灯若与其他电器共用延长线者，建议选用有过载保护的延长线。

一般家用的台灯或立灯的用电量都不高，耗电量在 20 ~ 30W，因此，并不一定要使用独立插座。但如果与其他电器用品共用延长线而未计算整体电流负载，容易因为不断的延长产生电流过载的问题，而有电线走火的疑虑，建议购买延长线时，可以购买有过载保护的产品较安心，当然，使用独立插座则是相对最安全的方式。无论何种灯具，若耗电量超过 150W 则需要独立插座，例如高耗电的卤素灯就可能达 300W，绝对要特别注意。

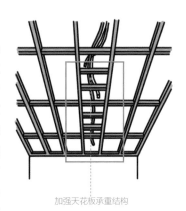

加强天花板承重结构

Q 05 小孩房的灯具在安全考虑上该如何作选择？

可从灯具本体的材质、防护设计及周边环境作全面考虑。

对于成长中的孩童而言，眼睛的保护相当重要，因此，一般还会加强桌用台灯做直接照明，但是在小孩房内除了需要有照度充足的光源灯具外，选购灯具时还有没有需要注意的事项？

1 灯罩或灯具本体应避免选用易脆裂的材质，如玻璃类材质。

2 避免将灯具放置在幼童可以直接触碰到的范围。

3 不要选择有金属外露的劣质灯具，容易因金属带电而导致触电的危险。

4 灯具本身最好有防烫伤的灯罩覆盖设计。

5 灯具本体的品质良好，不能有锐利边角等设计，以防刮伤孩子。

6 台灯或立灯放置的位置要避开有易燃物的环境，如毛绒玩具、抱枕、纸张……，以免因灯光、灯具热度造成引燃的危险。

防烫罩

灯光也会产生紫外线，不同的光源对人体的健康是否会有所影响？如何选择？

一般灯光紫外线不多，唯需避免使用紫外线强的卤素灯。

　　欧斯堤照明企划部经理陈芬芳表示，一般的光源都有紫外线，只是多寡的问题，不过，光源中的紫外线对健康危害其实相当有限。东亚照明专家也认同一般日光灯的紫外线其实很少量，唯有卤素灯会有较强紫外线，但可使用其他替代的光源，例如无紫外线的 LED 即可取代传统投射灯，不用过于担心。其实百货商场内因大量用卤素灯，才是会需担心紫外线威胁的场所。

　　选择灯光时，可用以下三种方式避开紫外线影响：

　　1 建议可选用无紫外线、又节能的 LED 光源。

　　2 尽量避免使用紫外线强的卤素灯，或者选择有滤罩设计的灯具，可过滤掉部分紫外线。

　　3 如果需要重点式展示照明，也可选用石英类防紫外线的灯泡取代卤素灯，同样有卤素灯显色自然的优点。

 灯具在清洁上有哪些注意事项？大约多久要清洁一次？

定时清理灯具让光源效率更佳，也可延长灯具寿命。

　　1 灯具清洁的注意事项：灯具清洁时，第一个步骤，也是最重要的是务必先关闭电源，以免有触电危险，切记不可使用有侵蚀性的清洁剂去清理。灯泡、灯管及电线部分，可以简单地用干净的湿抹布拧干轻轻擦拭；至于灯具常见的金属结构部分，避免直接用抹布擦拭，以免原先覆盖在金属上头的灰尘会因此刮伤灯具表面，适当的做法是先用掸子、吸尘器或吹风机将灰尘处理干净，再进行擦拭的动作。

　　2 多久需清洁一次：灯具清理的频率主要需依环境中空气的落尘量多寡而定，一般约每半年一次即可，落尘量较多的环境，如大马路

旁则需要增加清理次数。好的灯具透过定时的维护、擦拭与保养，不但可增加灯具表面的光泽及寿命，而且光源的表现效率也会更好。

 不同材质的灯罩应该如何清理，是否有特别要注意的事项呢？

灯罩的清洁应依不同材质，做不同的清洁处理。

灯罩是光源的外衣，其实不仅人要衣装，灯光透过外罩的完美搭配也可大幅提升其装饰价值，因此，对于灯光的美丽外衣更要随时细心维护保养，让它们永远光鲜亮丽。

常见灯罩材质的清洁方法如下。

1 玻璃类：一般玻璃可用清水或柔性洗洁剂清洗，唯有复古玻璃因在玻璃表面上另有加工的仿古粉削，必须以清水先用软毛刷清理。

2 布质材料：使用软毛刷轻轻将灰尘弹落，如果灰尘较久没有清理，加上气候潮湿使灰尘已经附着在灯罩表面上，可以将灯罩拆下拿去冲水，并加入柔性洗洁精再用软毛刷轻轻刷洗，洗净后将灯罩阴干即可。

3 塑胶类：先用温水制作石碱水，再用浸泡过石碱水的软布将污垢抹除，再用清水冲洗干净后，放置于阴凉处自然风干。

4 不锈钢类：可以拿干布先做擦拭，再检查表面是否沾到污垢，针对污渍处请先用中性清洁剂擦拭，再用清水冲洗。

5 表面加工部分：以质地柔软的布轻轻擦拭，避免用质料过粗的纸张擦拭。

出现日光灯管闪烁或不亮的情况，可能会是什么原因呢？

先检查灯管、再查看安定器，别让灯光闪烁变成视力问题。

处在灯光闪烁的环境中会造成近视、散光等毛病，若长期置身在这样的照明环境下，还有可能会头疼、头晕、双眼疲劳等，但究竟是什么原因造成灯管闪烁呢？

现今的日光灯已全部使用电子式安定器，所以不会因为点灯器不良造成闪烁的问题，若发生灯管闪烁或不亮时可以先行更换灯管，若还是不会亮再更换日光灯的电子安定器。不过，现今很多日光灯的电子安定器已经藏于灯具内，并无法自行更换，只能更换整组灯具组。

日光灯发生闪烁问题，若非电压问题，则可能是使用的安定器品质不稳定，或是灯管寿命即将终了，建议别忽视问题，应该要尽早换掉，以免让眼睛忍受更多闪烁之苦，同时换新灯管也会比较省电。

如果同一处灯泡损坏率特别高，是电压有问题，还是灯泡选择错误？

保持电压、电流稳定，才能让灯泡延年益寿。

如果家中同一处灯泡的损坏率特别高，最有可能的问题应该是电压或是电流不稳定造成的。此外，若经常开关也会增加灯泡的耗损率。提醒读者可先检查所有电线接点是否接合牢固，其次可以再检查灯泡与灯头的接点接触是否紧实，若都没有问题，就要更进一步确认电压脉冲是否过高，导致某几个灯泡特别容易损坏。另外，电压不稳定的问题有可能是同一个回路的用电量忽高忽低，例如，吃电量较大的马达一启动，就会造成灯光变暗的情况，这就可证明电流不稳定。

至于灯泡易损坏是否与规格挑选错误有关呢？灯泡与灯座的规格不符合的话根本不会亮，理论上不会用了一阵子才坏。唯有钨丝灯及卤素灯这两种灯泡较不同，若灯座电压为110V，却使用220V的灯泡，灯虽然会亮，但亮度会减小；反之若以220V的灯座配装110V的灯泡，则灯泡会立即烧掉。

若同一个回路用电量过高，会产生灯光闪烁或跳电现象。

自行购买的灯具需要注意什么？

必须仔细确认需要的亮度、大小、造型及规格。

　　一般家居使用的灯具大多都可在卖场中找到，加上如果只是换个灯泡、增加一盏照明灯，这等小事也不可能请设计师或水电师傅代劳，但对于一般租屋在外的年轻人，甚至女孩子，可能在灯具选购时抓不到重点，建议在前往卖场前还是要先做一下功课。

　　1 先确认灯光的固定方式，例如灯泡多是采用旋转式，而日光灯管则是卡式固定。

　　2 事先确认适用的灯泡造型及尺寸等规格，如螺旋形、U 形或球形。

　　3 查看清楚目前家中使用的电压，如为 110V 则不能选用 220V 的灯具。

　　4 对于灯具有没有需要特殊功能，例如防眩光设计，或者防潮的功能。

　　5 若担心自己照明知识不足，在购买时不妨多参照优良商家的专业建议，或者以 灯具合格安全的 CNS 认证与产地来源作为选购基准。

Q 12 购买灯具回来自行安装，有哪些秘诀、要注意哪些事项？

若是需要固定的灯具，要注意安装基座的稳固度。

自行购买灯具回来安装的状况，大致可分为两种，一为吊挂式灯具，需要做固定施工步骤的灯具；另一种则是不需任何工程，只是接上电源的单纯安装。

1 需固定施工的灯具：如吊灯、壁灯等。

（1）在做自行安装时，需要先仔细观看说明指示书中所载明的注意事项及施工步骤。

（2）因为需要在天花板上或墙面上做锁定的动作，要特别注意确认墙面基座的稳固性。

（3）如果基座是矽酸钙板或塑胶板，在锁上固定灯具的五金时，请务必确实将螺丝锁在天花板或墙内的角材或骨材上，以防止灯具掉落造成危险。

（4）在钢筋混凝土面装置灯具时，需等混凝土面确实干燥后才可进行安装，否则等灯具安装后，混凝土湿气可能被灯具吸收而导致绝缘能力降低，让灯具涂装面脱落。

2 无需施工的灯具：如台灯、立灯等。

（1）灯具安装前先确认灯具规格，确认规定电压与电源电压是否相符合，例如：110V 的灯具使用 220V 的电压，将使内藏的安定器烧毁。

（2）查看灯具本身组装是否牢固，电源接线是否良好而无任何损伤。

（3）检查电源接线、电池接线、灯管、灯座是否确实嵌合。

（4）将灯具接上插座后，确认开、关灯可正常动作，以及调光状态都能操作顺利。

（5）若需要自行装入灯泡或灯管时，请先切断电源以避免发生危险。

（6）安装完成后切忌在灯具或灯泡上以布或纸覆盖，以免灯具的散热受到阻碍，同时与窗帘等易燃物保持距离。

Q 13 家中原有安装紧急照明设备，平常不曾用、停电时却又无法顺利运作，到底该如何选用适当紧急照明设备？应如何去使用？

定期做放电保养，让紧急照明设备的电池确保正常运作。

紧急照明内有装置干式电池，停电时可以提供局部的照明，是应急时的救星，但是家居使用的紧急照明因平时很少使用，容易疏于检查，等到需要使用时才发现无法使用，让紧急照明设备失去意义。

1 每 2 ~ 3 个月保养一次：对此照明专家建议，在平时每隔 2 ~ 3 个月，就

要主动将紧急照明设备的电源拔掉，让紧急照明设备点亮至少半小时以上，尽量将干式电池的电量耗尽，再将电源插上继续充电，这样的放电动作是紧急照明设备必要的基本保养，可以大大增加紧急照明设备的寿命。

2 定期检查确认正常运作：借着放电的同时做检查的动作，如发现灯不亮或者电池有问题，可及早修理或换新，就可避免停电时灯无法点亮的窘境。如有需要，可在各空间里各放有一个灯，在停电时紧急提供照明，不过要提醒一般紧急照明的点灯时间大约只有 90min。

壁挂式紧急照明灯

嵌入式紧急照明灯

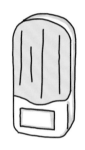

壁挂式紧急照明灯

坏掉的灯泡（管）该如何回收？可否直接丢弃？

废弃灯泡不可当作玻璃回收，更不能直接丢弃。为避免灯泡放置家中造成破损或伤人的情况，应尽快将灯泡送至邻近卖场的回收处或专门回收单位。

废弃灯泡（管）因含有玻璃、塑胶、金属等资源物质及微量的汞，为了再利用资源及避免环境污染，故需回收处理。如前述，灯泡（管）不是玻璃，不能直接放入废玻璃类做回收，应送至清洁队资源回收车、照明光源贩卖者、回收商进行回收，或者送至邻近的家居卖场，通常大卖场都设有专门回收处，做专业后续处理。基于安全考虑，装设或拆卸灯泡时，建议戴上橡胶手套，可减少因抓握不牢而有灯泡坠落的危险。此外，取下灯泡时应握住金属灯帽或塑胶底座施力旋转，避免因直接旋转玻璃或过度用力造成灯泡破裂。换下来的灯可放入新品的纸套，以减少破损概率。

Point 6
商业空间的照明应用

[相较于家居照明以舒适为主要需求，商业空间的照明手法更为多变与丰富，除了基本的要求之外，更强调气氛的营造，塑造视觉的张力以及更多面向的考虑。透过适当的照明设计，导引整体商业空间的动线，并借由灯光聚焦与配置，让商品或服务更有质感与吸引力。]

Q 01 **商业空间在进行设计照明时，和家居空间有何不同考虑？**

商业空间照明着重整体演绎效果，家居照明强调均质和谐。

因应空间特性，使用较冷的白光，营造冷冽有个性的空间氛围。
图片提供 _ 直学设计

家居空间和商业空间在本质上就存在差异，一个是常待的定所，一个是短暂停留的流动空间。灯光照明上，家居强调舒适和谐，但商业空间则是寻求短时间内感受性高的空间。家居照明也反映着个人的性格和生活，多数光源强调均质，但商业空间却强调特殊性，表现商品强度。可以从三个面向分析：

1 表达空间或建筑物整体特性： 操作灯光与空间本身属性有关，例如，一栋玻璃帷幕建筑，内外光线没有明显界线，如何融合灯光和建筑物为一体，影响了整体视觉效果。

2 维持基础照明同时表现商品特性： 在兼顾灯光效果的同时，仍然要维持空间的基本照度。所谓基础照明指的就是看得到空间，能辨识方位，且能利用技巧拉出视觉上的光度差异。例如利用投射灯的角度，勾勒空间光线的对比性和光影层次。

3 商业空间重视灯光演出效果与人的心理感受联结： 一般来说，平价商品和高价商品会在灯光颜色上展现不同色温，平价品牌强调明快活力，大多选择偏白光；高价商品需要营造一个舒适质感光源，大多选择黄光。

Q02　商业空间的照明设计阶段，一般而言需考虑到哪些大的方向？

可分五大方向：诱导配光、基础安全配光、重点照明、情境照明、紧急与逃生照明。

商业空间的照明设计在配置上比家居空间来的复杂许多，一般可分为五大方向：

1 诱导配光： 所谓诱导配光，就是从最一开始，也许是空间外围或是一入门的时候，就用低尺度的灯光建立一种视觉上的秩序性，引导客户随着隐弱但有秩序的光线往空间内移动。

2 基础安全配光： 不同的商业空间，拥有不同产品特性。但都需要一定的照明度，才能辨识产品，同时确保顾客在空间里活动的安全。例如餐厅需要的是能柔和打在桌面上的光源，才能照亮餐点还能凸显食物的美感；而服装店则需要在衣物陈列上投以足够光源，才能照亮产品。

餐厅照明无论如何玩弄光线，桌面上有基本光源是必需的，而黄光是照亮食物的最佳选择。图片提供 _ 直学设计

将灯具集中在用餐区，利用吊灯投射光线到桌面，也是重点照明的方式之一。图片提供 _ 直学设计

3 重点照明： 所谓的重点照明，也就是局部照明。例如投射在展示台面上的光源，强调凸显产品特性，一般会以较为聚焦的 LED 投射灯为主，也可以针对想强调的区域，特别安置光源，凸显特性。

4 情境照明：操控不同光源为空间增添视觉变化的情境照明，丰富了空间与光影的想象，创造商业空间更多样的视觉盛宴，例如结合电子产品，将不同光影氛围利用按钮控制情境模式。如今科技进步，未来趋势可能是将情境照明系统结合3C产品，用手机下载软件，即可直接操控。

此案为双橡园的101 bar，运用不同的灯光色彩层次，丰富空间的光影想象，创造更多元的视觉飨宴。图片提供＿光拓彩通照明顾问公司、双橡园开发

5 紧急与逃生照明：保障公共安全的紧急照明系统，必须依照法规安装。

此建案为宏璟日月光，每个公共空间在设计之初，都必须依照法规设置紧急照明。
图片提供＿光拓彩通照明顾问公司、大形室内设计

· 与售货区域对应的照明功能

售货区域的共同功能	照明功能	照明要点	照明灯具
提示售货区域的存在	（1）透过装修传达商店的资讯。 （2）代表商品特性的展台与橱窗的照明。	例如一展台顶光照度：垂直面照度／水平面照度 =6	彩色串灯 POP 标志照明 霓虹 橱窗照明灯具
售货区域的客流引导	（1）内墙的照明。 （2）无一般照明的不舒适眩光。 （3）形成售货区域的亲切气氛。	（1）墙面照度：垂直面照度／水平面照度 =3，且光源色温度应位于售货区域局部照明色温度的推荐范围内。 （2）使用具有适当遮光角的灯具。 （3）使用符合气氛要求的照明灯具。	墙面照明灯具 墙面泛光灯 墙面聚光灯 洗墙照明 眩光限制灯具
强调商品的特征	控制商品、内装的阴影及光泽	灵活运用光的指向性	聚光灯 筒灯
正确传达商品资讯 (1) 顾客选择商品。 (2) 迎客并介绍商品。	（1）顾客在选择商品时，使顾客明白与其他商品的差异。 （2）使顾客与店员相互看清对方的表情。 （3）使顾客能够设想商品的使用空间。	（1）商品水平面照度：确保各售货区域的水平面照度。 （2）显色性良好：Ra 60 以上。 （3）颜面垂直照度：依据必要性设置局部照明。	一般照明灯具 试衣间照明等
顾客购买商品 (1) 包装商品。 (2) 结算。 (3) 送客。	（1）无误快速达成。 （2）使顾客与店员相互看清对方的表情。	结算处水平面照度：750~1000 Lux，由一般照明无法得到该照度时，可与局部照明并用	仅一般照明灯具或局部照明灯具下聚光 吊灯 台灯

资料来源 _ 中国台湾照明灯具业输出同业公会《照明辞典》

Q03 如何预先模拟出照明在规划设计时所呈现出来的
实际光线效果呢？

利用照明设计软件建构虚拟实境，比拟现场实景。

过去科技不发达时，只能用「小画家」软件比拟光影效果，如今有
DIALux 照明设计软件，可做精准照度计算分析，还具有虚拟实境功能。
因此整体空间的照明规划设计，无论室内、建筑、商场或是展场，都能
透过软件呈现效果图，也能以虚拟实境的方式，呈现仿真度颇高的视觉
效果。

运用虚拟实景时，会先精确测量现场，输入数据建立模型后，把可
能会使用的灯具放入，透过软件运算，DIALux 可以表现光线强弱，设
计者可以模拟光影在现场的变化。使用照明软件必须对色彩和光学有基
本认识，还要能解读数据，才能更精准地掌握虚拟和现实的状况。如果
是建筑外观，则无法完全依赖照明设计软件，得靠经验判定，考虑的范
围也较为复杂，要把周遭光源，四周环境的状况都考虑进去。

建议光源及安装位置

评估结果：
灯具置放于天花前排嵌
灯同一轴线处，选用
LED AR111 中角度光
源，光源旋转 15˚ 向墙
面泛光，降低阴影感。

灯具安装位置天花图

建议光源：
光源：LED AR111
出光角度：40˚
瓦数：10W
色温：2700K

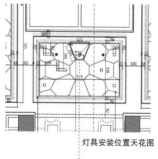

LED AR111 模拟评估

利用 DIALux 照明设计软件模拟现场实景，可以帮助控制现场完
工时的灯光照明完整性。图片提供 _ 光拓彩通照明顾问公司

Q 04 大型的空间照明规划会用到的照度分布图，设计师常用的形式为何？

可利用照明设计软件，做出空间照度分布图。

　　大型空间的照明设计规划，一般也是使用 DIALux 照明设计软件，测量整体环境，再输入数据，以及各个位置可能会摆放的灯具形式，就能轻松建立照度分析图，像是等高图的概念一般，会分析出光源从最近到最远的光源数据，成为判读现场灯光如何架设的参考规范。

　　DIALux 照明设计软件可以建立照度分布图，例如光影发射出的光源在空间分布状况，在光源运用上，一般可分为照度和辉度。照度简单来说就是指直接落在受光面（如地面、桌面）的总光量，举例来说，桌面够不够亮，指的就是照度。辉度简单来说就是眼睛感受到发光面或被照面的明亮度，像是间接光源在墙面或天花板形成的亮度。运用照度和辉度在空间内，去塑造空间明亮度层次，是照明设计的主要工作，而照度分析图提供一个参考。但呈现结果终究只是一个参考，最终依靠的还是现场比对和调整，经验是最可靠的判读依据。

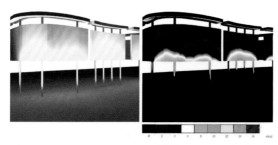

此案例为乔立圆容住宅项目，对应电脑模拟亮度色阶表现图的顶楼投光实景，以色温变化表现出云层流动的感觉。
图片提供 _ 光拓彩通照明顾问公司

Q 05 可以透过哪些方式帮重点商品进行打光?

为了强调商品特色并营造聚焦效果,会针对商品进行特殊重点的照明方式,是属于局部照明的一种。一般聚光灯的垂直面照度为陈列商品区域的水平面照度的 3~6 倍。可选择利用高亮度商品进行打光,或运用方向性光源从不同角度强调商品的立体感和质感,在特定部位也可选用特殊光色加以强调。

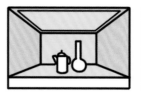
一般照明

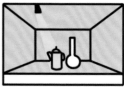
局部照明

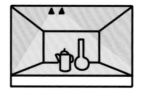
局部一般照明

混合照明

图片绘制参考 _ 中国台湾照明灯具输出业同业公会《照明辞典》

Q 06 餐厅在用餐区的照明设计,如何去营造出舒适有情调的用餐环境?

餐厅照明永远以食物为优先,昏黄光源最为适合。

郑家皓设计师在规划餐厅照明时,认为无论是餐厅还是咖啡馆,照明永远都应该以投射到桌面的光源为主,利用光源增添餐点美感。虽然传统卤素灯的灯光效果最佳,但用电量较高且光源较热,照久了会让人感到不适,于是 LED 投射灯是可以考虑的最佳光源选择,可以减少热度和用电量。

1 色温适中,呈现食物最佳色泽:色温选择上,建议以 3000K 为主,尤其是桌面部分,此色温最能呈现食物与饮料的色泽,LED 挑选上则以最接近此色温为主。

2 避免灯具直射产生眩光,可使用轨道灯:商业空间的灯光配置有个无可避免的状况,就是因为空间大,灯具多,顾客走动时不免会被直接照射到,产生眩光。孙启能设计师建议可以使用轨道灯的方式加以避免,因为轨道灯具可以调整方向,弹性较大,依据需求可调整光源,就能尽量避免眩光状况。

商品陈列区使用可调整角度的投射灯，可依据不同的主体配置弹性调整。图片提供 _ 欧斯堤有限公司

想要强调空间氛围，又希望维持用餐情调，只需要桌面有光亮即可，照亮餐点，余光又能照映到顾客彼此。图片提供 _ 光拓彩通照明顾问公司

服饰店台面上的衣服，如何选用适当的光源和灯具的配置来凸显？更衣间的照明又该如何去设计？

重点照明是服饰店光源设计要点，最好是弹性光源。

　　服饰店最重要的产品就是衣物，款式不可能一成不变，于是如何控制重点照明是关键，光源演色性高，产品才能具有不失真的色彩。

　　1 使用可调整光源的轨道灯：服饰店的陈列时常需要变动，具弹性的轨道灯，可依据每次的布置调整光源位置。色温选择上，想强调休闲感可选用 4000K 的光源，想营造柔和温暖感，可选择 2700K 光源。

　　2 不失真地呈现真实色泽：灯光必须依随着空间想营造出来的氛围进行调整，但要留意衣服的颜色不能失真，因此光源不能太过昏暗，演色性不佳，容易导致衣物色泽失真。

　　3 更衣室适合正面打灯，不产生阴影为原则：更衣室的光源其实不太好打，最好的光源是像舞台后方梳妆台的光源一样，利用黄白可变色温光，正面打照。白光可以看清衣服在户外阳光下的真实色泽，黄光则反映出室内的视感增添柔和。此外，也要避免光源产生阴影，正面打灯可以避免阴影，色温建议挑选 3000K，脸色看起来较好看。

Q 08 打亮在岛型展示台上的人形 Model，在照明设计上需注意哪些要点？

避免出现阴影与眩光，依据布置状况弹性调整光源。

人形 Model 展示着衣物，往往是空间内视觉重点，但每一季的衣物特色不同，因此在照明设计上最好光源本身可移动。如果只是纯粹打灯，可以使用轨道灯增添弹性，也可以利用材质凸显灯光。

1 直射光、侧光穿插使用：依据展示台陈列状况，适当调整光源，不要有阴影及眩光出现是首要条件。一般来说，直接光源最不容易产生阴影，但光源显得平淡，侧光虽然容易有阴影，却有较丰富的渐层。建议穿插使用直射光和侧光，实际打光技巧因为变动性太大，必须依据现场因素调整。

2 用材料凸显灯光：展示台除了基本打光之外，其本身在规划时，可以使用金属材质，善用金属的反光特性，在打亮光源时同时照映金属材质，增添视觉感官。

Q 09 如何设计橱窗的灯光，才不会让玻璃反光导致效果减分？

运用隐蔽光源，注意内外空间亮度对比，并善用壁面色泽减少反光。

橱窗的照明设计因为要结合店家本身所在位置，是单一店面还是位处大卖场中，会有不同考虑，以下为主要照明设计注意事项，实际状况还是得依现场条件调整。

1 灯具的配置：所有的灯光应该集中到橱窗内部的陈列商品上，避免光源分散，照射到橱窗外，容易造成反光。尽量使用隐蔽性光源，光源较为柔和不会产生刺眼的光线。建议使用高演色性的光源配

穿插使用直射光和侧光的表现方式，同时映照出金属质感，创造多变层次。图片提供 _ 欧斯堤有限公司

合适当色温，橱窗内的商品色彩不会失真。

2 室内要比室外亮： 白日无可避免地，橱窗光源会被日光影响。但夜晚时的光源就很重要，亮度一定要大于室外，光源强度可高于两倍以上，就不容易产生吃光现象。

3 善用壁面颜色： 可利用壁面色泽改变灯光效果，比如使用平光或是消光漆色，减少光源反射，进而凸显橱窗内部产品特色。

展示橱窗内灯光尽量使用隐蔽性光源，或利用间接照明方式打造气氛。图片提供 _ 欧斯堤有限公司

Q 10
美发沙龙店在剪发区通常会有大面积的玻璃，照明要如何设计，让顾客看起来气色佳，不致产生不当的阴影，也不会因其他光源的折射影响到设计师？

正面光源是首选，减少脸部阴影。

1 留意光源位置： 工作台面要留意光源本身反射，强光容易刺激到设计师和顾客眼睛，引起不适。因此光源建议安置在镜面两侧或顶部，郑家皓设计师建议使用2700~3000K 色温的光源，利用正面照映也可减少阴影存在，就能让顾客看起来气色较佳。

2 LED 灯光源明亮、热度低： 灯具挑选上，建议使用 LED 灯。传统的卤素灯虽然演色性更好，能让肤色看起来好看，但热度较高，照映时间久就会感到不适，LED 灯则没有这项困扰，演色性也不差。但建议两者不要混用，光源错乱反而演色性变差。

3 交错位置避免光源反射： 孙启能设计师建议座位彼此间交错摆放，尤其是前后排，光源才不会彼此影响。加上美发沙龙店里镜面较多，交错座位也能减少光源反射产生不佳效果。

超级市场内的生鲜区、蔬果区、冷饮区和一般商品区的照明设计会不会有所不同？各需考虑到哪些重点？

明亮且完整呈现产品色泽，是灯光照明重点。

超级市场是个购物场所，不需要太多空间氛围，反而着重凸显产品特性。因为卖场内产品量多，种类也多，大多以光源充足明亮又能呈现完美演色性为主。针对不同区域的光源建议使用不同色温及设计重点。

1 **生鲜、蔬果区：**此区域的商品大多是渐层次摆放，每一层都需要光源，利用隐藏光源可逐层打光，且彼此不受影响。建议使用 5700K 色温，尤其是特别加重红、绿色泽的特殊日光灯，像是三波长日光灯。这种日光灯的荧光粉因为配方不同，可以增添生鲜、蔬果的色泽，看起来更可口诱人。

2 **冷饮、一般产品区：**这两区的光源不需要像生鲜蔬果区为了凸显产品而强调明亮度，冷饮和一般产品区建议使用 4000K 色温，看起来舒服适中，又具有一定照度即可。

生鲜、蔬果为了强调本身鲜丽色泽，建议使用色温较高的灯光，凸显产品特色。图片提供 _ 直学设计

Q 12 如果想在空间中打造一面从内部发光的墙，灯光有哪几种配置方式？

直下光或侧光是普遍选择方式，各有千秋。

商业空间很常使用发光墙面营造空间气氛，兼具照明和美感。光源配置上，则以直下光和侧光为主，过去多选用日光灯管，现在改以 LED 灯串为主，装修时依据灯管体积，要做好遮板，才不会曝光。

1 直下光： 在正面板下设灯管，均匀度较好，但要留意灯管和面板的距离，避免暗带与不均，至少需要保持 15cm 以上的距离，太远也不行，会影响效果。

2 侧光： 从四周侧边打光，光影出现渐层，营造视觉层次。因为是埋藏在四边，需要掌握好灯管体积，依循现场空间条件，规划发光墙面的大小，测量好灯管间的距离同时无缝衔接，能让光源的渐层更有层次感。

 三波长日光灯管

Light Box 所谓三波长域日光灯管，指的就是以丙烯三基色荧光粉取代卤素荧光粉涂布于灯管表面的日光灯管，具有演色性高、发光效率较佳、灯管不易黑化与使用寿命较长等特性。

利用直下照明方式，结合透光石材，营造温暖有质感的空间气息。图片提供 _ 光拓彩通照明顾问公司

利用侧光照明，打照有光源的墙面，凸显空间特性。图片提供 _ 光拓彩通照明顾问公司

直下光内部配置图

侧光内部配置图

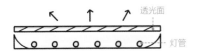

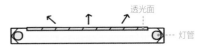

Q13 如果想在空间中打造一面会发光的墙，墙面的材质有哪几种选择？呈现出来的效果会如何？

只要可透光，都是可用材质。

常使用的透光材质，有亚克力、玻璃、薄石材、夹膜玻璃。孙启能设计师说明除了这些常用材质，也着力推荐木材或竹薄片。

1 亚克力：一般不太推荐，除非预算有限，不然使用亚克力打出来的光源比较不优美，一般都当作扩散材料，比如在不起眼的地方，当遮蔽光源的建材。

2 玻璃、夹膜玻璃：玻璃的清透性能让光源显得更具穿透力，夹膜玻璃因为本身内部夹有其他素材，能演绎的光源效果更多变。

3 薄石材：大多是以石粉制成再切割成薄片，运用在发光墙面，具有光源穿透性且石材质感温润。

4 木材：一般较少用，但利用薄木材来当发光壁面材质，照映出来的温暖很美好，只是目前还不普遍，单价也较高。

Q14 商品陈列架的照明应如何进行设计？如果是具有反光效果的陈列架（例如玻璃），是否有其他应注意事项？

强调重点照明，留意反射光源。

陈列架是商家的重点区域，透过陈列架吸引顾客眼光。通常商品陈列架的照度会高于顾客走动区域，也就是走动区域的光源应该较柔和暗些，而陈列架的光源应该较明亮，凸显重点。

1 演色性不能差：孙启能设计师强调「见光不见灯是设计重点」，设计时首先要减少不必要的反射，不产生杂光分散商品的视觉效果，可使用轨道灯具，利用侧光投射商品。演色性建议90以上，结合适当的色温，加上均匀柔和的光色温度，最能展现产品强度。

不同色温的 LED 灯管在乳白色亚克力灯箱中所表现出的不同效果。图片提供＿光拓彩通照明顾问公司

2 光源嵌进陈列架，可减少反光：如果是具有反光效果的陈列架，尤其是玻璃材质，建议将光源埋进陈列架中，在背部布灯管，从背后打光，投射在玻璃上，等同让玻璃自己发光，利用二次折射原理，减少反射。

此案例为双橡园的V1玛瑙厅，设计师在空间中大量运用各式材质，比如玉石、大理石、金属贴面，并借助重点照明与折射营造出低调奢华的氛围。图片提供_光拓彩通照明顾问公司、双橡园开发

此案例为宏璟日月光，结合自然光线的演色性加上重点照明，展现空间层次与质感。图片提供_光拓彩通照明顾问公司、大形室内设计

此案例为宏璟日月光，在走廊陈列艺术品，以造型吊灯结合投射光强调重点照明，突显艺术品的质感。图片提供_光拓彩通照明顾问公司、大形室内设计

Chapter 3

实用与美感兼具的165个照明空间

照明器具 / LED 嵌灯

灯具材质 / 详洽设计师

灯具价格 / 详洽设计师

001　**回归初心，打造配件与日常的舞台**

玄关选择简约的嵌灯，成为空间中不可或缺的绿叶。在天花板突显其摺线造型，将多彩艺术画作衬托得更为醒目，让摆设自然成为视觉焦点。摆设的光影落在墙面上时，则丰富了空间的表情层次。回归灯光最原始的功能，通过业主的品位与日常，塑造不同的居家风格。

图片提供 © 耀昀创意设计

照明器具／嵌灯 _AR70 卤素灯泡（50W ／ 2700K）
灯具材质／玻璃、金属烤漆
灯具价格／约 RMB.360 元（1 组 2 个）

照明器具／嵌灯 _T5 灯管（28W ／ 3000K）
灯具材质／玻璃
灯具价格／ RMB.140 元

OO2

人造石屏风里的别致照明
当玄关有人进门时，感应式嵌灯便会自
动亮起，像是欢迎的仪式，鞋柜上面的
两尊玻璃雕像，在光线投射下成为目光
焦点；还有玄关屏风以人造石为材质，
设计师特意将其中几处切薄，嵌入灯
管，让灯光透露出洁净温润的效果。
图片提供 © 演拓空间室内设计

照明器具／硬灯条
灯具材质／ LED
灯具价格／详洽设计师

OO3

轻装铺陈，未来感清新宅邸
少了造型灯具装饰，除了放大空间的视觉感受，
LED 光带还为空间装点了未来科技感，利落的线
条与现代风格相衬，注入年轻都会的活力；从玄
关步入客厅的天花光带，仿佛是一种欢迎仪式，
回到家打开灯、进入光带区，扫除外在疲惫，回
到最舒适的家。
图片提供 © FUGE 馥阁设计

OO4

蓝光营造玄关神秘的氛围

在进门的玄关处营造了安静沉淀心灵的氛
围，区域从外面喧闹的世界向另一个空间
的区域转化，落地镜、穿鞋椅，还有特别
在地上摆放的一瓶植物，这样的空间搭配，
选用了不同于一般白色光线的蓝光，添加
神秘又时尚的设计感。

图片提供 © 云墨空间设计

照明器具／地灯 _LED×18（2700 ~ 6500K）

灯具材质／发光二极体

灯具价格／约 RMB.300 元

照明器具／嵌灯 _LED（13W／3000K）

灯具材质（含灯罩）／铝制品

灯具价格／约 RMB.1400 ~ 2000 元／组

OO5

嵌灯点缀贵气时尚的玄关

入门玄关处以宽敞的空间感欢迎访客的
到来，上方以嵌灯投射光影映照金属门
框与石材，交错的光影为空间营造时尚
贵气的氛围感受。

图片提供 © 大雄设计

照明器具／嵌灯 _LED 条灯（750cm／5000K）
灯具材质／发光二极体
灯具价格／约 RMB. 2 元（每厘米，连工带料）

006

LED 条灯框出水晶 LOGO 画作
设计师用施华洛世奇水晶镶出别致 LOGO，再贴入玄关的灰色镜面墙上，并于不锈钢收边处嵌上特殊的 LED 条灯，条灯将灰镜墙面框住，宛如一幅美丽的画作。
图片提供 ◎ 界阳 & 大司室内设计

照明器具 / 嵌灯 _ 丽晶灯泡 ×3（60W / 4000
灯具材质 / 玻璃
灯具价格 / 约 RMB.90 元

照明器具 / 嵌灯 _LED×2（5W / 3000K）
灯具材质 / 发光二极体、铝
灯具价格 / 约 RMB.110 元

照明器具 / 壁灯 _E27 灯泡 ×2（60W / 3000
灯具材质 / 玻璃、金属
灯具价格 / 约 RMB.500 元

oo7

三种照明手法丰富玄关层次

玄关作为进门与客厅、卧室的中间区域，除了供人行走往来的主要照明，设计师也运用 LED 嵌灯，使得墙面上大大小小的照片有了更生动的光彩；同时不忘装一盏壁灯，除了柔和的光线为空间增色外，也可成为晚归的人进门的照明。

图片提供 © 品桢空间设计

008

再现法式乡村风格的玄关风景

以法式乡村风格为主的玄关设计，抢眼
的造型灯具是最好的装饰，辅以天花板
的嵌灯，展示墙上的豆灯，让整个玄关
处处有风景，充满无限惊喜。

图片提供 © 泛得设计

照明器具 / 壁灯 _LED 灯（10W／3000K）
灯具材质 / 玻璃
灯具价格 / 约 RMB.80 元

009

玻璃灯罩营造前卫玄关

设计师大胆采用极为强烈风格的玄关处
理，入口地板以抿石子为材质，上面嵌上
玻璃地灯，人要踩上地灯，再踏上黑铁喷
环氧树脂（EPOXY）的地面，营造进入
室内的情境。在此准备了一个穿鞋椅，下
方放置了芬兰的 Harri Koskinen 冰块灯，
与地灯相互呼应。

图片提供 © 云墨空间设计

照明器具 / 地灯 _ 豆灯（9W／2700K）
灯具材质 / 玻璃
灯具价格 / 约 RMB.1000 元

照明器具 / 地灯 _MR16（50W／2700K）
灯具材质 / 玻璃
灯具价格 / 约 RMB.300 元

olo

营造内外玄关的层次感

为营造内外玄关的层次与穿透感，将间接照明灯管配置于贯穿内外玄关的板岩吊柜下，天花上的嵌灯则可补足内玄关廊道的亮度。内外玄关采用玻璃加铁件作为隔间，经由光线使室内空间整合成一个流动且开放的生活场景，使光线融入空间中成为空间的主角。

图片提供 © 禾筑国际设计

照明器具 / 层板灯 _LED 灯管（14W / 3000K）
灯具材质 / 发光二极体
灯具价格 / 约 RMB.400 元

照明器具／LED 灯条（4500K）
灯具材质／灯槽、玻璃板
灯具价格／每米约 RMB.475 元

011

以灯光勾画出生活风格重点

梯厅空间作为室外与室内的转折缓冲区，灯光运用强调氛围营造。地面选择暗色石材，突显与浅色立面对比，在清水模立面上下两端以 LED 灯条画出重点，暗示室内空间是以清水模打造的开放、简洁空间，光晕烘托云朵意象的穿鞋椅，与极简风格的挂画交织，形成别致的端景。

图片提供 © 璧川设计事务所

照明器具／嵌灯 _LED（5W／3000K）
灯具材质／发光二极体、铝
灯具价格／约 RMB.130 元

012

少量照明留下暗部，让玄关更沉静

屋主喜欢搜集佛像，设计师在玄关处摆放一座佛像，仅以嵌灯作为简单照明，因这佛像打造出沉静的氛围，让忙碌一天的主人回到家，经由玄关转换心情，放下外面世界的疲惫。

图片提供 © 杰玛室内设计

客厅

o13

黄铜轨道灯串联空间基调

以屋主从事精品定制与拥有丰富旅行经验为设计导向，加上对于质料、色彩与美感的敏锐度，空间色调采用醒目的蓝绿色为配置，穿插铜金铁件线条勾勒展示层架，厅区舍弃天花板设计，拉出水平轴线轨道灯提供主要照明，并运用黄铜漆喷制灯具，呼应铁件色调，让整体更为协调，角落台灯则赋予气氛与光影层次。

图片提供 © 水相设计

照明器具：轨道灯（9W ／ 3000K）
灯具材质：喷漆
灯具价格：详洽设计师

照明器具 / 吊灯 _ 钨丝灯泡（40W／2600K）
灯具材质 / 玻璃、塑料、铁丝
灯具价格 / 约 RMB.7000 元

照明器具 / 立灯 _LED（5W／3000K）
灯具材质 / 发光二极体、铁
灯具价格 / 约 RMB.7000 元

o14

铝编吊灯散发线条交错的纹理

外形像飞碟的吊灯，立灯铝线编织线条的灯罩，
又有类似藤编灯的南洋休闲度假风格，让人回到
家能够全然放松，而灯亮起时，光线散发出线条
交错的纹理，遍布在墙壁、天花板，有一种竹影
摇晃，置身大自然空间的恬静感。

图片提供 © 甘纳空间设计

照明器具 / 吸顶灯 _LED（10W／3500K）
灯具材质 / 金属烤漆
灯具价格 / 约 RMB.400 元

o15

日光灯管作间接照明，光点超平均

由于家是让人放松、休憩的地方，间接照
明能营造出比较舒服的氛围，不仅空间显
得开阔，天花板感觉更高，视觉更舒服。
本客厅天花板两侧安装日光灯管，采用反
射性的间接照明，光点比较平均，另加设
四颗吸顶灯，阅读时可作为重点光源使用。

图片提供 © 非关设计

照明器具 / LED 灯（5W ~ 8W / 2700K）
灯具材质 / LED
灯具价格 / 详洽设计师

o16

隐藏在天与地之间的灯光

为了让天花板呈现干净利落的样貌，将灯具与空调出风口做线性规划，由玄关延伸至客厅形成阿拉伯数字 6，别有趣味。楼梯与电梯处拉高地坪，与其他区域做出区隔，并在地坪下方藏有灯光，当作夜间指引照明。

图片提供 © 奇逸空间设计

照明器具 / LED 灯（Billy Cotton 的 Pick up Chandelier 10 Stick）
灯具材质 / 黑质铜
灯具价格 / 约 RMB.11900 元

o17

点缀风格，但适当和谐的生活美学

规划设计不是单一墙面漂亮即可，还需要考虑环境中所有功能空间的相互关系。此案例以黑白色系为主色的简约搭配，不同于强烈对比色系突显的设计手法，选用了黑色系装饰型灯具，不开灯时内敛而和谐融入空间之中，开灯时亮眼的造型与柔和灯光点缀了风格空间，让人为之惊艳。

图片提供 © 景寓空间设计

照明器具 / 落地灯 _E27 螺旋灯（27W / 4500K）
灯具材质 / 玻璃、金属烤漆
灯具价格 / 约 RMB.500 元

o18

灯具配比良好让宽敞空间每一处都明亮

在天花板上四个角落嵌上灯具，作为客厅的主要照明，搭配大片落地窗的自然光，让整体空间的每一处皆采光良好; 落地大立灯加强茶几处照明，让座位区的视觉聚焦，牵动在座的每一个人。

图片提供 © 品桢空间设计

照明器具 / 落地灯 _E27 灯泡
灯具材质 / 金属
灯具价格 / 约 RMB. 10300 元

o19

不只是灯，也是客厅的亮点

利用弧线造型的灯饰，大胆地摆在整个客厅空间的中
央，光影映照着白色的墙面与天花板、温润木地板，
以及搭配色彩鲜艳的家具软件，共同营造充满活力的
空间氛围。

图片提供 © 奇逸空间设计

照明器具／LED 灯（4000K 嵌灯、3000K 间接照明）
灯具材质／详洽设计师
灯具价格／详洽设计师

o2o

现代利落的外表有着温柔的内心

以灰与白为主色调的客餐厅空间，除了低调内敛的橘色餐桌椅之外，黄光也为空间铺上淡淡的暖色调。从天花板丰富层次中透出的光晕，柔和不刺眼又强调了线条之美，夜晚的间接照明是温柔的陪伴，业主回到家中能好好享受安静的时光、放松休息。

图片提供 © 一它设计

o21

主灯营造夜晚浪漫氛围

客厅日间的光线非常充足，不需要加装其他灯光，因此天花板没装设任何灯具，夜晚则以两盏 Flos 灯为主要照明，两盏主灯营造出的优雅、浪漫，让整个空间充满舒适的氛围，或坐或卧都非常轻松。

图片提供 © 王俊宏室内装修设计

o22

灯光一致延伸出空间的魔法

借由间接照明灯光与投射灯的交错运用，牵引着视线由客厅往餐厅延伸，让客厅与餐厅两个空间都能呈现一致性与连接感。同时，透过投射灯投映在展示柜上，让空间更有气氛，更突显主人的收藏。

图片提供 © 大雄设计

照明器具 / 层板灯 _T5 灯管（28W / 6500K）
灯具材质 / 玻璃、五金烤漆
灯具价格 / 约 RMB.620 元 / 组

o23

环带状主灯展现舞台般气势

为了展现空间敞朗开阔的气度，设计师运用定制的木作结合灯光手法，巧妙糅合装饰主灯与间接灯光两者特质。通过环带状主灯拉开整体格局气势，再搭配嵌面打亮局部墙面，让空间里的灯光不会像传统全局缺乏变化的照明，而是呈现剧场舞台般的时尚氛围。

图片提供 © 演拓室内空间设计

024

天使光环舒放室内空间

天花板以圆形造型光带取代灯饰，既不
造成空间压力又能成为亮点。沙发背墙
上的直线光带，切割了大面木墙的厚重
感，并丰富了浅色调空间的层次；沙发
侧边桌上配置的一盏小灯，细致的金属
外形装点精致气质，增添一抹暖意。

图片提供 © 一它设计

照明器具 / LED 灯

灯具材质 / 详洽设计师

灯具价格 / 详洽设计师

025

乘坐在光影上的自在生活

利用 Z 字形带状的层板灯营造出间接照明的
效果，光线由下而上投射，串联起窗台前的
小空间、客厅沙发到和室，延伸至厨房成为
一体的和谐。

图片提供 © 无有建筑设计

照明器具 / 层板灯 _T5 灯管（8W / 4000K)

灯具材质 / 铝支架

灯具价格 / 约 RMB.600 元 / 组

照明器具／层板灯 _T5 灯管（20W／2600-3000K）

灯具材质／铝合金、金属、亚克力

灯具价格／约 RMB.130 元

o26

情境灯与小台灯相互辉映，更添空间温馨

客厅除了天花板内的主要照明外，并在柜体下方嵌入情境
灯，可以作为展示平台使用，另外配合案件风格选择柜体
上的小台灯，预留台灯孔位，避免让线材外露。

图片提供©TBDC 台北基础设计中心

o27

不同照度改变空间表情

挑高开阔的大尺度公共领域，白天有着充沛明亮的采光，光线的游移成为家中最自然的风景，也因此客厅主要照明选择配置金属吊灯，大梁内再结合嵌灯光源，以及结构柱体上的简约壁灯，借助各种光源的照度与亮度，改变空间的表情与气氛。

图片提供 © 水相设计

照明器具 / 嵌灯 _LED（9W / 3000K）

灯具材质 / 发光二极体、铝

灯具价格 / 详洽设计师

o28

光带丰富立面层次与变化

开阔的客厅中，电视主墙选择以莱姆石做出分割拼贴的效果，与简约的台面之间装设 LED 灯，带状光线投射于立面突显其纹理与质地。沙发背墙的灰色莱姆石，则是运用镂空造型与光带作为呈现，镂空处往内凹的斜面设计也令光线更为柔和温暖。

图片提供 © 水相设计

o29

用灯光打造未来科技感

屋主希望家里能够营造与众不同的前卫时尚，而设计师为了修饰梁柱，将天花板与电视墙打造成不规则形状，再嵌入层板灯，连墙面下方也装上层板灯，搭配黑、白为基调的家具，配上金属吊灯与展示柜体的极细层板灯，呈现独特冷冽风格。

图片提供 © 界阳＆大司室内设计

照明器具／层板灯 _T5 灯管 ×26（21W、28W／4000K）

灯具材质／玻璃

灯具价格／约 RMB.240 元（连工带料）

o3o

垂直线条灯管演绎后现代主义

为了弱化靠阳台的大型柱体，设计师大胆
用不规则状的不锈钢作为电视墙面，更在
对面沙发背后，镶嵌垂直线条的灯管，当
成对比的呼应，天花板 LED 是主要照明，
照耀着以铁件切割再安装玻璃的大茶几，
十足后现代主义。

图片提供 © 界阳 & 大司室内设计

照明器具 / 落地灯 _ 钨丝灯泡 ×5
（50W / 3000K）
灯具材质 / 玻璃、金属烤漆
灯具价格 / 约 RMB.2560 元

照明器具 / 层板灯 _T5 灯管 ×5
（21 或 28W / 4000K）
灯具材质 / 玻璃
灯具价格 / 约 RMB.240 元（连工带料）

照明器具 / 层板灯 _T5（20W / 4000K）
灯具材质 / 铝合金
灯具价格 / 约 RMB. 130 元

o31

适时调整灯光作为功能性照明

客厅空间会使用到投影设备，因此将照明分
段，在使用投影设备时可以调整灯光，只用
小部分微亮作为功能性照明，而不影响投影
品质。

图片提供 ©TBDC 台北基础设计中心

照明器具 / 层板灯 _T5 灯管 ×11（28W / 4000K）
灯具材质 / 玻璃
灯具价格 / 约 RMB.70 元

照明器具 / 壁灯 _E27 反射灯泡（45W / 2700K）
灯具材质 / 玻璃、亚克力
灯具价格 / 约 RMB.400 元

o32

亚克力灯营造出的梦幻华丽

在天花板与墙面之间，以层板灯作为间接照明，减轻了墙面的厚重感，并巧妙地运用反射灯泡，让灯光往亚克力灯身照射，让灯的边框花饰照映到墙面，不仅成为壁灯，更投射出梦幻又华丽的图案。

图片提供 © 杰玛室内设计

033

运用主灯区隔不同空间用途

一楼客厅窗外有个小庭院，三盏大小不一的吊灯不仅室内看得到，室外也能欣赏到这么特殊的设计。客厅旁是女主人的书桌与书房，与客厅无明显区隔，开放式空间保留宽阔感，并用造型特殊的吊灯区分出不同的空间功能。

图片提供 © 王俊宏室内装修设计

034

科技与前卫交映的灯光魔法

屋顶与墙边的间接照明以及嵌灯，交互投射在灰色基调的客厅空间中，整体室内的空间感仿佛不断被放大，与其他空间融合成一片，相互交映，充满现代科技氛围，前卫而大胆。

图片提供 © 大雄设计

照明器具／嵌灯 _LED（9W／3000K）
灯具材质／铁框、铝具
灯具价格／约 RMB.2000 元

o35

上百颗 LED 组成花火灯牢牢吸住目光

吊灯悬挂于餐桌上，作为餐厅的界定，客厅则采用间接照明，嵌灯装设于黑色天花板及柜体下面，让客厅成为可放松、休息的地方。餐桌主灯「花火」（firework）上百颗 LED，由薄的不锈钢片串在一起组合而成，造型有如在天空爆炸的火花，非常吸人目光。

图片提供 © 非关设计

照明器具／吊灯_LED（单颗 1W／3500K）
灯具材质／玻璃、不锈钢片
灯具价格／约 RMB. 6000～10000 元

o36

善用光源延伸室内空间

电视墙面积较小，旁边紧邻着楼梯，在楼梯间的天花板架设灯，不仅有路灯的作用，还能与电视墙串联互搭，使整个空间有延伸的作用，同时这些照明也可适时地成为观赏电视的光源。

图片提供 © 明代室内装修设计

照明器具／层板灯 _T5 灯管（28W ／ 3500K）

灯具材质／玻璃

灯具价格／约 RMB.130 元

照明器具／层板灯 _T5 灯管（20W ／ 2600-3000K）

灯具材质／玻璃

灯具价格／详洽设计师

o37

带状光晕衬托纯净立面

遵循自由平面与流动空间的独栋住宅设计，以简单的立面与精致的材质为主轴，建构出形体的简洁与纯粹。楼板开口的露梁，成为最有力道的线条，因应空间深度不足的缘由，将多数隐藏在天花的照明改为规划于地面，往上投射主要是衬托莱姆石的含蓄与质感，并成为夜间的特殊光影氛围。

图片提供 © 水相设计

照明器具／落地灯 _E27 灯泡 ×7（60W ／ 3000K）
灯具材质／一般玻璃、金属、布
灯具价格／约 RMB.8000 元

照明器具／嵌灯 _ 方型 LED×6（18W ／ 3000K）
灯具材质／发光二极体、铝
灯具价格／约 RMB.220 元

照明器具／嵌灯 _ 圆形 LED×3（5W ／ 3000K）
灯具材质／发光二极体、铝
灯具价格／约 RMB.110 元

o38

可调整位置的名家灯具，凸显客厅大气风格

除了天花板必要的嵌灯照明，整个客厅的视觉焦点便在于一座大型落地立灯，此为名家设计的灯具，共有小、中、大三个灯罩，可以分别调整高度、角度，无论坐在立灯左边还是右边，姿势如何，都能将灯光打在最理想的位置。

图片提供 © 品桢空间设计

039

照明器具 / LED灯条（可调亮度）
灯具材质 / 详洽设计师
灯具价格 / 详洽设计师

用光影来诉说家的故事

将光束当成画作线条，画在浅灰色的大理石沙发背墙上，直线光束呈现简约的现代风格，几何图形则增添了活泼的趣味。选用的 LED 灯是可调式的，有 80W、60W 等不同选择，依照每日家人的心情做变化，搭配客厅中的主光源、柔和的间接光，不同层次的灯光打造温馨明朗的空间。

图片提供 © 大漾帝设计

040

外凸无框盒嵌，保留天花板高度

此案例为老屋翻新，由于地面距离天花板的高度较低，大约只有 2.6 米，因此决定使用外凸无框盒嵌的方式来设计照明，以木作的盒子包覆嵌灯，同时保留天花板的高度。另外，电视墙上方运用 LED 灯条来做间接光源，图片左半部的艺术品展示柜同样也是在柜体内层板藏有 LED 灯条，烘托出工艺品的质感。

图片提供 © 奇逸空间设计

照明器具 / 嵌灯 _LED×9（5W / 3000K）
灯具材质 / 发光二极体、铝
灯具价格 / 约 RMB.150 元

餐厅与厨房

照明器具／嵌灯_LED（9W／3000K）

灯具材质／发光二极体、铝

灯具价格／详洽设计师

o41

橱柜下加装灯具，料理更方便

厨房照明最重要的还是以功能性为主，开放式中岛厨房在中岛上方配置嵌灯加强照明之外，工作区动线上方也同样规划嵌灯，提供厨房区域基本的光线，同时在炉台区、备餐区的橱柜下加装灯具，如此一来才能拥有足够的亮度方便料理。

图片提供 © 水相设计

照明器具 / 层板灯 _T5 灯管（20W / 3000K）
灯具材质 / 铝合金、铁
灯具价格 / 约 RMB.130 元

照明器具 / 嵌灯 _LED（9W / 3000K）
灯具材质 / 铝合金、铁
灯具价格 / 约 RMB.130 元

o42

柜体下方多嵌灯，处处皆可进行料理工作
为争取较多工作空间，需将大多数的照明设备嵌入柜体下方，增加该空间照度，
餐桌和中岛的部分则使用聚光效果较强的照明设备，打亮每一个平面。
图片提供 ©TBDC 台北基础设计中心

照明器具 / 吊灯 _T5 环型灯管（W40 / 3000K）
灯具材质 / 玻璃、塑料
灯具价格 / 约 RMB.8400 元

o43

意大利知名品牌吊灯衬托用餐空间质感
一楼有大型落地窗的空间里采光极佳，餐桌
上的视觉焦点是一盏飞碟外形的吊灯，选用
意大利知名品牌 Kartell，它是用专门的塑胶
制作技术创造出吸引的家具，给予用餐空间
温暖且足够的光源。
图片提供 © 甘纳空间设计

o44

餐桌上的主灯提升食物的美味

在餐厨区中，主要的视觉焦点应放在用膳区，因为主要照明会让食物增加可口感。餐桌上的主灯 seeddesign，近 3000˚ 的色温，增加菜的色彩饱和度，而餐厨区的其他空间皆采用辅助照明，烹调区吊柜下的灯光，已足够做菜时的照明。

图片提供 © 明代室内装修设计

主灯照明器具／吊灯 _ 豆灯（60W ／ 3500K）
灯具材质／金属、灯泡
灯具价格／约 RMB.2000 元

045

透明球灯营造餐桌上的温度

餐桌上使用吊灯，让温暖的气氛由餐桌上散发，并利用天花板的圆形挑高营造自然的间接光源，再以透明的球灯创造出餐桌上的视觉焦点。

图片提供 © 明楼室内装修设计

照明器具／吊灯 _E27 灯泡（23W／2700K）
灯具材质／金属、玻璃
灯具价格／约 RMB.440 元（组）

照明器具／嵌灯 _LED×2（5W／3000K）
灯具材质／发光二极体、铝
灯具价格／约 RMB.130 元

照明器具／层板灯 _T5 灯管 ×5（28W／4000K）
灯具材质／玻璃
灯具价格／约 RMB.70 元

046

隐藏式照明使洁白餐厨空间具有整体性

纯白简洁的厨房中，无需过多繁复灯饰，设计师以最单纯的层板灯、嵌灯做安排，保留纯白原色。层板灯作为一进厨房时的首先照明，开冰箱等短暂停留时只开层板灯即可；若是较长时间的料理烹煮，则再开启梳理台上方的嵌灯。

图片提供 © 杰玛室内设计

照明器具 / 吊灯 _E27 灯泡 ×2（27W / 4500K）
灯具材质 / 玻璃、金属
灯具价格 / 约 RMB.3000 元

照明器具 / 嵌灯 _LED×2（5W / 3000K）
灯具材质 / 发光二极体、铝
灯具价格 / 约 RMB.110 元

o47

用两盏吊灯搭配长形餐桌，打造原木质感

在原木装潢餐厅以两盏吊灯集中光源，照射白色餐桌上的各项用品，灯罩的颜色与餐桌、餐椅搭配成乡村自然风格；而廊道是通往家中其他空间的过场，上方则配置嵌灯，作为行走用的照明灯具。

图片提供 © 品桢空间设计

照明器具 / 吊灯 _LED 灯泡（23W / 2700K）
灯具材质 / 金属、玻璃
灯具价格 / 约 RMB. 3460 元（组）

o48

层层光晕散开塑造自然且舒适的用餐环境
空间的氛围影响着用餐的食欲，使用暖色
系的黄光可营造空间的温度。丹麦品牌
LightYears，以金属压铸成弧形四层的堆
叠，让灯光以层层光晕散开，自然且舒适。
图片提供 © 明楼室内装修设计

照明器具 / 吊灯 _E27 荧光灯（60W / 4500K）
灯具材质 / 口吹玻璃
灯具价格 / 约 RMB.3000~4000 元

照明器具 / 嵌灯 _ 方型 LED×2（18W / 3000K）
灯具材质 / 发光二极体、铝
灯具价格 / 约 RMB.220 元

o49

红色玻璃灯罩的热闹华丽餐厅
非常注重气氛的餐厅灯光，其灯具不只是作为照明之用，在未亮时也能有装饰空间的效果，所以设计师特地
挑选了一个用口吹玻璃的红色吊灯，既有热闹华美的氛围，也有如同古早灯笼的造型。
图片提供 © 品桢空间设计

照明器具 / MR16 嵌灯 _LED（9W ／ 3000K）
灯具材质 / 铝
灯具价格 / 约 RMB. 120 元（每组）

o5o

巧用重点式聚光灯，餐桌工作桌两用

L 形餐桌兼具工作桌的功能，因此照明设备便跟着桌子延
伸使用定制铁件灯架，嵌入 LED 灯具，采用重点式聚光灯
照明，既具备情境灯的功能，也兼具功能性。

图片提供 ©TBDC 台北基础设计中心

照明器具 / 吊灯 _ 钨丝灯泡 ×5（50W ／ 3000K）
灯具材质 / 玻璃、金属烤漆
灯具价格 / 约 RMB.1600 元（1 组 5 个，连工带料）

照明器具 / 嵌灯 _LED×2（9W ／ 3000K）
灯具材质 / 发光二极体、铝
灯具价格 / 约 RMB.240 元（连工带料）

o51

一组五件式吊灯，搭配超长吧台餐桌延伸空间感

在开放式厨房人造石吧台与实木餐桌拼接的用餐空间，设计师特地挑选了这盏五个吊灯所组合的照明设备，以符合吧台加餐桌的超长长度，使光线能均匀照到每一处，造型的不一致也增添设计感。而洗石子的墙面，也有 LED 灯来照亮。

图片提供 © 界阳 & 大司室内设计

照明器具 / 层板灯 _T5 灯管（8W ／ 10000K）
灯具材质 / 玻璃、铁件
灯具价格 / 约 RMB. 600 元（组）

o52

以灯光营造天井自然光氛围

在没有自然光线投射的餐厅位置，以特制的采光罩造型灯具大面积铺设，内含层板灯，营造出仿佛大片光透过天井投射进入屋内的氛围感受，为低调具现代感的空间设计中，增添生活氛围。

图片提供 © 大雄设计

照明器具 / 层板灯 _T5 灯管 ×17（28W / 4000K）

灯具材质 / 玻璃

灯具价格 / 约 RMB.70 元

o53

大面积流明天花板，保持开放空间的穿透性

开放式空间中，厨房和餐厅连成一体，并未有
明显区隔，所以设计师在考虑照明时，将两区
一并构想，舍弃传统餐桌上方吊灯，改以大面
积流明天花板嵌长灯管为主要照明，可同时照
亮厨房及餐厅，并维持整体空间的穿透性。

图片提供 © 杰玛室内设计

o54

在餐桌分享美好光景

餐桌是很多家庭中情感交流
的中心，虽然本案例中天花
板偏低，但在美式风格中，
吊灯是重要物件，因此选用
放射线带线条又带古典气息
的大吊灯，让视觉聚焦于餐
桌区，又不显得沉重压迫。
除此之外，轨道灯的安排，
可作为局部氛围营造或调和
空间中的光线，让居家有更
多浪漫的变化。

图片提供 © 大漾帝设计

o55

七彩水滴灯泡营造吧台浪漫氛围

餐桌与吧台做结合，柜体下方装设灯光，陈
列艺术品，让餐桌有着视觉延伸的效果。餐
桌或吧台视觉上的运用与灯光的变化息息相
关，桌子上方可装水的水滴灯泡，随时能变
化出七彩色泽，极富 lounge bar 的浪漫氛围。

图片提供 © 明代室内装修设计

照明器具 / 吊灯 _ 豆灯（25W / 3500K）

灯具材质 / 玻璃

灯具价格 / 约 RMB.770 元

照明器具 / 层板灯 _ T5 灯管（14W / 3000K）

灯具材质 / 玻璃

灯具价格 / 约 RMB.256 元（2 个一组）

179

o56

原木材质主灯营造用餐温暖气氛

客餐厅的空间设计以自然森林风为主，保留大面窗自然光及使用间接光为辅助。餐桌上以原木材质的西班牙品牌LZF「LINK吊灯」为餐厅空间主灯，温暖的气氛自餐桌上散发，吊灯多层次的曲线造型与空间中不同颜色堆叠而成的墙壁相互辉映。

图片提供 © 明楼室内装修设计

照明器具 / 吊灯 _LED 灯泡（23W / 2700K）

灯具材质 / 原木

灯具价格 / 约 RMB. 5160 元（组）

照明规格 / 详洽设计师
灯具材质 / 不锈钢毛丝面
灯具价格 / 约 RMB.23 300 元

o57

运用灯光创造居家圆融意象

打破传统格局方正的想像，本案例采取大量圆弧设计，在灯光方面更特别运用天花板层次镶嵌灯光，搭配直径 220 厘米特殊定制的毛丝面不锈钢灯具以及水晶灯饰，层层递进，最终让视觉聚焦于家人团圆用餐的餐桌，充分展现出情感凝聚的居家核心。

图片提供 © 演拓空间室内设计

照明器具 / 吊灯 _ 螺旋灯泡 ×2（23W / 3000K）
灯具材质 / 玻璃、金属烤漆
灯具价格 / 约 RMB.6000 元

o58

Rock 吊灯营造前卫餐厨风格

屋主希望空间散发前卫时尚的风格，所以设计师采用「Rock」吊灯，是意大利时尚单宁品牌 Diesel 与意大利灯具大厂 FOSCARINI 合作的灯具系列，不对称的立体表面宛如宝石切割面有着随性的逻辑美感，加入庞克摇滚的金属元素，创新大胆地表现 Diesel 粗犷洗炼的经典风格。

图片提供 © 甘纳空间设计

059

凸显食物风味的餐桌主灯
用餐是让人放松的时刻,空间采用间接照明会减少压迫感。另外,屋主收藏许多珍贵的艺术品,希望有好的展示陈列,因此在陈列柜的层板加灯辅助,呈现展示效果。餐桌的两盏主灯则由手工制成,光的落点在餐桌上,使菜看起来更加美味,空间也增添了层次感。
图片提供 © 森境 + 王俊宏设计

照明器具／复古工业风吊灯（2W／3500K）
灯具材质／铸铁、烤漆
灯具价格／电话洽谈

060

为冷冽黑色调厨具空间增添暖意
此空间设计运用大量冷暖材质交错演绎时尚与Loft 氛围。厨房以文化石砖墙面延续木墙的温润质感,软化金属、黑色厨具的冷冽线条,搭配散发微黄光线的复古工业风吊灯,极简设计的餐厨空间深具现代感,又不失温暖。
图片提供 © 泛得设计

061

灯光设计层次分明的餐厨空间

在这全家人共同相聚、共享美食的空间，餐桌的上方规划以造型灯具作为空间的视觉亮点，后方吧台的上方以间接照明处理，吧台的下方则是镶嵌灯，让灯光烘托厨房与吧台空间，更具温馨感受。

图片提供 © 泛得设计

照明器具 / 嵌灯 _LED（5W / 3000K）
灯具材质 / 铝架
灯具价格 / 约 RMB.1920 元（组）

照明器具 / LED 灯
灯具材质 / 金属
灯具价格 / 详洽设计师

062

惊艳亮点就在进入家门之后

业主一进家门，就能看见位于中岛与餐桌之上、呈聚光灯造型排列的长型吊灯。金属质感呼应整体的冷调时尚，3000K 的黄光则是空间中唯一的暖色。此外，灯光的亮度还可自行调整，营造不同氛围，当只有这盏灯亮起时，灯光建构了业主最爱的酌饮角落。

图片提供 © 尤哒唯建筑师事务所

Space 4
走廊与楼梯

照明器具／轨道灯 _LED（9W／3000K）
灯具材质／详洽设计师
灯具价格／详洽设计师

063

灵活运用轨道灯突显收藏手稿

独栋住宅的主人为跑车收藏家，也收集了许多跑车设计的手绘稿。设计师利用由地下室车库往上的楼梯间壁面悬挂手稿，天花板上方配置轨道灯将光线投射在每一排手稿，让手稿作品犹如艺术品般成为空间的焦点，加上轨道的运用，未来也能弹性调整灯光的配置与数量。图片提供 © 水相设计

064

狭长楼梯动线适合悬吊灯饰

楼梯动线应有好的照明，行走比较安全，图中的楼
梯偏狭长型，天花板较高，适合用悬吊式的灯搭配，
极具丰富感，加上为延伸整个空间的开阔性，楼梯
旁的两间房间以玻璃作墙面，空间通透，除了去除
狭隘感，也让这组主灯更加明亮。

图片提供 © 森境＋王俊宏设计

照明器具／嵌灯 _LED（9W／3000K）

灯具材质／发光二极体、铝、玻璃

灯具价格／详洽设计师

065

运用光源区隔实际用途

将住宅回归到最低限度的设计，廊道立面运用纯净白
色做出斜面层叠的效果，底部装设 LED 嵌灯，起到
夜晚时分动线引导与气氛营造的作用。右侧底端的收
纳柜体为客卫的视觉端景，线条刻意脱缝处理，加上
间接照明的运用，烘托柜体内的艺术品，也让空间氛
围更为多元。图片提供 © 水相设计

066

投射艺术与收藏的光之长廊

透过转化为艺廊的长廊，该区域刻意规划设计了具有展示功能的
装置与吧台的红酒柜，透过灯光投射，让各样物品得以展示与摆
放，当屋主游走其中，能透过灯光的投射欣赏自己的收藏品，
让身心都能获得充分的放松。

图片提供©奇逸空间设计

照明器具／吊灯 _LED（33W／2800K）

灯具材质／实心铜

灯具价格／约 RMB.4260 元

照明器具／层板灯 _T5 灯管（20W／2600-3000K）

灯具材质／发光二极体、铝

灯具价格／详洽设计师

067

双排灯管营造车道趣味效果

业主有收集跑车的兴趣，独栋住宅的地下车库除了停
车外，也作为保养爱车的空间。两侧立面以清水模涂
料刷饰，底端则是搭配银色塑铝板，充分营造出简约
时尚质感，并撷取双白线车道为灵感，以 T5 灯管做
出排列，包括左右的嵌灯，都特别挑选偏白光的光源，
以便业主为车打蜡保养时更为明亮。图片提供©水相设计

069

间接照明柔化线条，直接照明集中光源

沿着走廊上方装设间接照明，一方面当作行走时的照明工具，另一方面也有柔和天花板线条的作用；壁灯则是转化区域，由走廊进入更衣室的门灯，更可弱化梁柱。卫浴间独立出来的洗手台，则架设轨道灯来作为集中照明的运用。

图片提供 © 甘纳空间设计

照明器具 / 轨道灯 _LED（5W / 3000K）
灯具材质 / 发光二极体、金属
灯具价格 / 约 RMB.700 元（组）

照明器具 / 壁灯 _ 螺旋灯泡（15W / 2700K）
灯具材质 / 玻璃、铁
灯具价格 / 约 RMB.300 元

照明器具 / 间接照明 _LED 带灯（50W / 5m / 3000K）
灯具材质 / 玻璃
灯具价格 / 约 RMB.160 元（每米）

068

暗藏光带，打造出走廊空间

在柜体上方与下方，打造出「光」带，制造出走廊展示墙面焦点，轻化柜体与墙面的重量感，放大走廊的空间，同时也可于夜间作为动线的导引。

图片提供 © 明楼室内装修设计

照明器具 / 嵌灯_LED（9W / 3000K）、
层板灯_T5 灯管（20W / 2600-3000K）
灯具材质 / 发光二极体、铝
灯具价格 / 各约 RMB.240 元、约 RMB.80 元

070

科技蓝光散发舞台效果

热爱跑车的业主，也喜爱收藏各式零件与周边商品。设计师利用地下室车库通往楼上
空间的楼梯间下方，以架高平台的概念陈列特殊引擎零件。平台周边装设蓝色 LED
灯光，形塑出舞台般的效果，右侧层架上则是各式跑车模型，由天花板具有蓝光滤镜
的灯具作为投射，两者光源呈现出科技感。图片提供 © 水相设计

照明器具／投射灯_LED（5W／3500K）
灯具材质／铝制
灯具价格／约RMB.300元

照明器具／投射灯_卤素灯（20W／2900K）
灯具材质／铝制品
灯具价格／约RMB.100元

071

楼梯壁灯向壁面投射的光影游戏

楼梯的灯虽是以照明为主，然而一改由壁面投射洗墙的设计方式，改由铁件扶手下方处投射至另一端墙面，在楼梯梯面形成一条直射光线，在行走中，形成光追逐脚踝的光影游戏。

图片提供 © 尤哒唯建筑师事务所

072

卤素灯照明尽显墙面特殊色

楼梯视觉主题在墙壁，从一楼往上看，墙面是特殊色的观景墙，从二楼往下看，它也是一个视觉焦点，此处选择卤素灯照明，适当的光线与色温让墙面非常显色，不会像LED灯一样，会有重重叠叠的影子。

图片提供 © 隐巷设计

照明器具 / 投射灯 _LED（5W / 3000K）
灯具材质 / 发光体、铝
灯具价格 / 约 RMB.110 元

073

宛如艺廊般投射出艺术品的丰富层次
虽然走廊仅是客厅公共区域与卧室私领
域的过场空间，但设计师不希望它过于
单调、平淡，在右边设立展示柜摆放屋
主收藏，并在端景处悬挂画作，且运用
投射灯及层板灯丰富物品的层次，让每
次穿越走道都是愉悦的体验。
图片提供 © 品桢空间设计

074

由下而上洗墙光影，同时也是动线指引灯
空间不做天花板，所以改变投射洗墙灯的架设
方式，改与木地板结合，由下往上打灯，并在
走廊底端形成如烛光般的光影变化。同时，也
是走道的动线指引灯具，让居住于此的人行经
走廊时的静动之间，产生光的变化，颇富趣味。
图片提供 © 尤哒唯建筑师事务所

照明器具 / 投射灯 _LED（5W / 3500K）
灯具材质 / 金属、玻璃
灯具价格 / 约 RMB.300 元

o75

灯光为狭长走廊画龙点睛

空间中的方型壁灯一左一右、由上而下映照长廊两端，中间以
茶镜为屏的穿透感设计，使墙后的书房成为长廊一隅的风景，
让整体空间不再狭长，灯光更为墙面带来画龙点睛的效果。

图片提供 © 泛得设计

照明器具 / 壁灯 _LED（10W / 3000K）

灯具材质 / 玻璃

灯具价格 / 约 RMB.80 元

o76

光是拥有各种可能的最佳装饰

如果希望房子能留下更多的空间，减少物体的
装饰，以光线当成主题也是一种选择。轨道灯
的线条从平面延伸到立面，打破制式的空间界
定；在楼梯第一、二层嵌入 LED 灯，兼具造
型变化与安全考量，墙面上沿着阶梯坡度延展
的光线则具有导引功能，光与空间线条的交
错，功能性的楼梯也可以是雕塑品。

图片提供 © 大也国际空间设计 / 艺术中心

077

巧用嵌灯和聚光灯，创造不同阅读需求

将功能照明与情境照明分开，在柜体内嵌入感应式工作
灯，使用上更加方便，另外餐桌平时也会当工作桌使用，
因此在餐桌上方使用 LED 聚光灯，增加照明强度。

图片提供©TBDC 台北基础设计中心

照明器具／嵌灯 _LED（15W／3000K）

灯具材质／铁

灯具价格／约 RMB.300 元

o78

灯光穿透书房与客厅的界线

设计师特别透过视觉穿透的层板设计，让客厅与书房空间能连成一片，书桌上方的灯具维持一贯北欧风格的设计感与简约风情，将温馨宁静的灯光氛围与阅读感受轻松地传达到客厅。

图片提供 © 大雄设计

照明器具 / 吊灯 _LED（10W / 3000～6500K）
灯具材质 / 钢材烤漆
灯具价格 / 约 RMB.5000～6000 元（组）

照明器具 / 轨道灯 _LED 灯（10W / 3000K）
灯具材质 / 铁、铝、玻璃
灯具价格 / 约 RMB.80 元

o79

投射半隐蔽的书房空间

砖墙面为书房提供很好的独立空间效果，又保持延伸穿透客厅的视线感觉，透过嵌灯搭配轨道灯的光线设计，调节书房灯光明暗，当照明需求改变时，可随时装拆轨道灯，轻松变化光的魔法。

图片提供 © 泛得设计

o8o

将台灯移入书柜底部加强照明

在自然光采光极佳的书房，无需太多灯具来辅助照明，只要着重阅读时的灯光不致过弱，设计师为两人座书桌争取平面空间，将照明台灯变身，移至书柜下方嵌入底部，长条状的灯型，足以充分照到书桌每一角落，却又能让书桌与书柜成为完美的平行线。

图片提供 © 品桢空间设计

照明器具／嵌灯 _T5 灯管 ×3（21W／4000K）
灯具材质／玻璃
灯具价格／约 RMB.80 元

（屋主私物，VIPP 灯款）
照明器具／省电灯泡（15W）
灯具材质／铝质压铸、不锈钢、硅胶、玻璃滤光片
灯具价格／约 RMB.4600 元

o81

反璞归真，让爱穿透家的每个角落

光是北欧家居风格的重要元素之一，除了大量引自然光入室，以柔和的光源营造温馨的居家氛围是一大重点。以书墙划分出独立的书房空间，又能穿透光线，柜体上方装置投射灯，穿透透明层板使展示物也包裹上一层暖意。作为书桌主要照明的台灯，外型简单利落，是画龙点睛的选择。

图片提供 © 北欧建筑

照明器具 / 嵌灯 _LED（9W / 3000K）、
　　　　　定制灯具（20W / 2600-3000K）
灯具材质 / 发光二极体、铝
灯具价格 / 详洽设计师

o82

冲孔铁板演绎独特光影线条

业主喜爱摄影，地下室的书房成为业主业余的
workshop（工作室）。设计师以陈列摄影作
品为设计构思，如图书馆般的矩阵柜体排列，
在每个柜体正上方配置嵌灯。柜体材料选用冲
孔铁板，经过仔细斟酌的光线投射角度，演绎
出独特的光影线条效果，对于原始进光量有限
的地下室而言，反倒让人更为聚焦。书桌上的
吊灯则专门定制，利落的水平线条避免抢夺后
方主题焦点。

图片提供 © 水相设计

照明器具 / 层板灯 _T5×5（28W / 2700K）
灯具材质 / 玻璃
灯具价格 / 约 RMB.70 元

o83

大量间接灯柔化书房天花板线条

书房内的天花板藏有吊隐式冷气机的回风
口，设计师将天花板处理成与地面非平行
的倾斜式，所以更运用了大量的层板灯，
可以弱化天花板的线条。

图片提供 © 云墨空间设计

照明器具／丽晶嵌灯、MR-16 嵌灯

灯具材质／详洽设计师

灯具价格／RMB.80 ~ 150 元每组含变压器、
　　　　　RMB.100 ~ 200 元不等

o84

白色也有不同温度和层次感

在没有自然光源的地下室，以业主喜欢的白
色为空间主色调，除了提升明亮和宽敞的视
觉效果之外，中间书桌位置的上方，安排了
大嵌灯为空间主要光源，书柜旁则以小嵌灯
补充，打亮书柜上的藏书或收藏小物，而且
都采用 4000K 较柔和的白光，在梁柱和书
柜间造成的阴影自然形成空间的层次感。

图片提供 © 隹设计

照明器具／吊灯 _PAR38（120W／2700K）

灯具材质／金属雷射切割吊饰、瓷质灯座

灯具价格／约 RMB.3960 元（组）

o85

动植物吊灯互相搭配，增添空间层次。

书房是眼睛重度使用的场所，书桌上方的光
线一定要充足。设计师使用了意大利设计师
Michele De Lucchi 的金属雷射切割灯饰艺
术，以不同系列的动植物吊灯互相搭配，呼
应墙面上的世界地图，将丰富的大自然印象
带入空间中，并增添空间层次感。

图片提供 © 禾光室内装修设计

o86

主灯光线充足，减轻眼睛阅读压力

书房是眼睛重度使用的场所，空间宜清新明亮，书桌上方光线一定要充足。主灯可用造型立灯或桌灯加强阅读所需的光线，这款 jielde 多关节立灯造型搭配空间线条设计，使空间更有味道。

图片提供 © 禾光室内装修设计

照明器具／嵌灯_LED×2（9W／3000K）
灯具材质／发光二极体、铝
灯具价格／约 RMB.240 元（连工带料）

o87

地板间的光束充满设计感

书桌上方以 LED 嵌灯当阅读用灯，坐榻区则运用间接照明手法，书房外部最吸引目光处在于设计师在切开地板埋管线后，并未将地板复原，反而嵌入灯管，让地上多了一道光束，十分独特。

图片提供 © 界阳 & 大司室内设计

照明器具／地灯_T5 灯管 ×2（21 或 28W／4000K）
灯具材质／玻璃
灯具价格／约 RMB.240 元（连工带料）

照明器具／PC 灯管内 +LED 灯条
灯具材质／镀锌铁管、粉体烤漆黑砂纹
灯具价格／RMB.8300 元

o88

跳脱无趣的书房设计

本案例的自然光源非常充足，白天其实不需要开灯即可让温暖的阳光洒满屋内，这样不仅可以节省能源，还能减少人工灯源的配置。书房的一侧设计为绿色植生墙，令人看了心旷神怡。另外，在阅读与书桌上方加装功能性照明，辅助夜晚时的光线来源，让书房跳脱死板无趣的格局。

图片提供 © 柏成设计

089

隐藏式灯光减轻橱柜量体及照明

以架高木地板来区隔书房及客厅,并设计可升降式书桌,以弹性变化书房的使用可能性。顾及柜体的统一性,客厅、书房及主卧的橱柜统一采木皮门片设计,唯在书房下层悬吊处理,搭配灯光,减轻柜体量体。而架高木地板的阶梯也隐藏灯光,是夜灯也是动线指引照明。

图片提供 © 禾光室内装修设计

照明器具 / 层板灯 _ T5 灯管 (28W / 3000K)
灯具材质 / 玻璃
灯具价格 / 约 RMB.76 元

照明器具 / 立灯 _ 钨丝灯 (60W / 2700K)
灯具材质 / 玻璃
灯具价格 / 约 RMB.1400 ~ 1600 元

090

我与自己独处的慵懒时光

在白色为基底的客餐厅空间选用鲜艳活泼的黄色灯具。与延伸的餐厨区墙面相隔的阅读区,仅以一盏壁灯及些许间接灯光为照明,让半开放包覆空间形成别致的温馨小角落,摆放地毯、懒人沙发等家具便于随意坐卧,享受慵懒闲适的片刻。

图片提供 © 方构制作空间设计

o91

减少大量灯具的压迫感

此款灯具最特别之处在于可以随兴上下左右 360° 旋转，是可以多功能放置的灯具，并能照亮床头、窗台、墙面。设计师当初选择这款灯具的用意是，希望能减少卧房中大量灯具的压迫感，运用灯具的多元功能，增添空间的清爽感。

图片提供 © 由里空间设计

使用灯具 / 可调式多功能立灯

灯具材质 / 金属

灯具价格 / RMB.2800 元

照明器具 / 层板灯 _T5 灯管（20W / 3000K）
灯具材质 / 铝合金、金属、亚克力
灯具价格 / 约 RMB.130 元

092

壁面置入照明灯，增加睡眠空间光影层次

卧室照明除天花板内的主照明外，强调床头照明兼具功能性与情境，因此若需在床上阅读可打开后方柜体内的照明，另预留两盏床头台灯的位置提供情境照明。

图片提供 ©TBDC 台北基础设计中心

照明器具 / 台灯 _LED（3W / 3000K）
灯具材质 / 铝合金、金属、亚克力
灯具价格 / 约 RMB.50 元

093

床头光束投射天花板光影变化

光源由床组左右两旁的床头矮柜的台面往上投射至天花板，为让灯光在不用材质时呈现不同效果，刻意在床头板设计凹槽沟渠，使光束可先沿沟渠照射在木头上的纹路突显出来，再透过放大效果，投射于墙面形成光带直至天花板，为墙面及天花板带来不同的光影变化。

图片提供 © 尤哒唯建筑师事务所

照明器具 / 投射灯 _LED（5W / 3000K）
灯具材质 / 铁、玻璃
灯具价格 / 约 RMB.300 元

o94

时尚主灯打造五星饭店级卧室

一般而言，悬吊式主灯运用在客餐厅区域居多，但若是卧室空间面积够大，也不妨考虑为卧室选择一盏具有时尚设计感的主灯，将卧室营造出五星酒店般的奢华气度！但应注意主灯位置不宜在床头上方，以免光线影响睡眠品质或造成压迫感。

图片提供 © 演拓室内空间设计

照明规格 / 白炽灯泡（60W）
灯具材质 / 金属
灯具价格 / 约 RMB.5700 元

095

纯白吊灯作为主要照明打亮床头

灰蓝色系的房间为小孩房，空间里除了床铺，还得放上书桌。除了床头天花板上方两盏吊灯照射在床头，是卧室的主要光线来源，床板后方也藏有层板灯，一直延伸到书桌前，带状光线除了可加强床头照明，更是在书桌阅读或打电脑的照明工具。

图片提供 © 界阳 & 大司室内设计

照明器具 / 吊灯 _ 钨丝灯泡 ×2（50W / 3000K）

灯具材质 / 玻璃、金属烤漆

灯具价格 / 约 RMB.800 元（连工带料）

096

独一无二的墙面创意造型灯

由于本案例中卧室结构梁柱较多，且天花板较低，再加上迎光面有不错的采光条件，因此在灯光配置上选择不用主灯，而是运用墙面木作设计搭配间接灯。再借助创意台灯的造型，彷佛从窗外汲取日光引入室内一般，不但让人看了会心一笑，也成功化解了空间梁柱结构的压迫感。

图片提供 © 演拓室内空间设计

照明规格 / 详洽设计师

灯具材质 / 木作定制

灯具价格 / 详洽设计师

使用灯具 / 水晶吊灯
灯具材质 / 水晶、LED 烛型灯泡
灯具价格 / RMB. 4500 元

o97

巧妙运用烛型灯泡营造风格

由于这个空间的设计风格是古典风格，为了让古典风格能够彼此呼应，床头上的两个壁灯配以火苗形状的灯泡，空间主灯除了用烛型灯泡以外，灯座选用白色蜡烛状，让主灯轻盈的材质拉出空间亮点，增加层次感以及古典风格的韵味，如果不仔细看真得会以为是烛光呢！

图片提供 © 由里空间设计

o98

半透明衣柜化身创意灯箱

对于回到家就想放松的人来说，过于明亮、刺眼的灯光反而不舒服。因此，针对卧室或休憩空间，建议不一定要用大量间接灯或主灯，可以运用特殊材质玻璃打造隔间衣柜，让另一端的灯光渗入空间，犹如温暖的玻璃灯箱，打造最疗愈的私密场域。

图片提供 © 演拓室内空间设计

o99

用配耳环的心情选择卧室灯饰

受限于空间的面积，卧室空间通常不适合搭配较大型的水晶主灯。如果想要运用灯饰营造出奢华高贵的质感，就请怀着"搭配耳环"的心情来挑选灯饰吧！不需要过度夸张，但要能展现精巧细致的设计质感，就像名媛耳畔晶亮的耳环一样，会带来令人惊艳而难忘的效果。

图片提供 © 演拓室内空间设计

1oo

运用造型吊灯补足床头阅读光线

主卧通过一条黑线将空间一分为二，床头侧是清水模质感，电视墙则是浅色木纹，迸发出异材质间的火花，让业主能在外凸的卧榻区，感受活泼的休闲气氛。照明部分以天花板嵌灯为主，黑色床头吊灯为辅，来补足在床头阅读时所需的光源。

图片提供 © 怀生国际设计

照明器具 / 层板灯 _T5 灯管（28W / 3000K）
灯具材质 / 玻璃
灯具价格 / 约 RMB.260 元（2 个一组）

101

间接照明保留夜间安全动线

房间的照明不能对人的眼睛产生刺激或晕眩的感觉，因此设计师在柜体下放灯，方便夜间照明，也让整个空间产生层次感。床两边的台灯也很重要，可提供阅读时的光源。

图片提供 © 明代室内装修设计

102

让光影自由呼吸的休息空间

留白是为了留给生活中值得期待的余地，而灯光安排中的留白，留给影子堆叠出空间深度。本案例中床边与门口之间的屏风，设计了倾斜的格栅间隙，让光与空气恣意流动，而床头和墙边的投射灯光，形成屏风的装饰。天花板的嵌灯则以功能为主，精准地安排在衣柜开口的上方，方便使用者取物，光影交错让空间有了呼吸感。

图片提供 © 佳设计

照明器具 / MR16 小嵌灯
灯具材质 / 详洽设计师
灯具价格 / 大约 RMB.80 ~ 105 元

103

卧室三种区块，两种照明手法

在卧室里除了床铺，还备有书桌区及聊天区，所以设计师依不同区域有不同功能而安装照明，书桌与聊天区皆运用直接照明 LED 嵌灯，睡眠区则以间接照明最常运用的层板灯作为床头灯，还可以当展示物品照明以及收纳柜照明之用。

图片提供 © 界阳 & 大司室内设计

照明器具 / 层板灯 _ T5 灯管 ×4（21 或 28W / 4000K）
灯具材质 / 玻璃
灯具价格 / 约 RMB.240 元（连工带料）

104

多层次灯光满足不同情境

大多数人的卧室可能不只有睡眠的功能，而是兼具阅读、更衣室等起居功能。建议可为卧室空间搭配多重照明灯源，如本案例中即搭配了天花板间接照明、嵌灯、床头收纳柜灯、两侧阅读灯等，不论是睡前需要温和一点儿的灯光，或早晨更衣需要充足照明，均可视需求切换使用。

图片提供 © 演拓室内空间设计

照明器具／投射灯 _LED（5W／3000K）

灯具材质／发光二极体、铝

灯具价格／约 RMB.110 元

照明器具／台灯 _E27 丽晶灯泡 ×2（60W／4000K）

灯具材质／玻璃、金属、木头、布

灯具价格／屋主自购

1o5

不同光源打造卧室不同功能

生卧室，不同时间会需要不同光源，展示柜中收藏主人心爱的物品，必得用到投射灯来加强物件照明；床板后方可作为摆放眼镜、书籍等物件之处，可运用嵌灯来协助照明；而床头两边的台灯则可视主人睡眠需要机动调整。

图片提供 © 品桢空间设计

1o6

营造媲美酒店的卧室灯光

在暗色系的卧室空间中，左侧黑色的柜体与窗户的卷帘相呼应，床头柜由下而上的壁灯为空间营造出沉稳大气的氛围感受，辅以嵌灯强化室内明亮度，让人仿佛置身在五星级酒店，身心都获得最好的休憩。

图片提供 © 泛得设计

照明器具／壁灯 _LED 灯（10W／3000K）

灯具材质／玻璃

灯具价格／约 RMB.400 元

卫浴

1o7

冰块造型吊灯散发迷离光影

将公共卫浴的洗手台独立出来，让用餐时可以方便洗手，设计师精心布置此处角落，洗手台墙面用灰洗石子，经由 LED 灯一照射，纹路更为立体，右方的冰块造型吊灯更是吸引目光，光影散发出既像闪电又像云朵般的造型，梦幻迷离。

图片提供 © 界阳 & 大司室内设计

照明器具 / 吊灯 _ 豆灯 ×3（7W / 3000K）

灯具材质 / 玻璃、金属、塑料

灯具价格 / 约 RMB.800 元（1 组 3 个，连工带料）

照明器具 / LED T5 灯（3000K）
灯具价格 / 详洽设计师

1o8

设计不简单的简约风卫浴空间

以简约风为设计主线，混搭黑白花砖，整洁现代又兼
顾个性美观，与之相对应的天花板也不只是单调的墙
面，多了层板与间接照明，以柔和的灯光为卫浴空间
营造放松的氛围，令人安心且舒适地洗涤一天的疲意，
自在排解每日的负担。

图片提供 © 一它设计

照明器具 / 德国 DURAVIT LED 触控明镜
灯具材质 / 玻璃、LED 灯
灯具价格 / 约 RMB.19 000 元

1o9

在家也能像渡假般优雅悠闲

为了营造舒适的氛围，2 坪（约 6.6 平方米）
大的浴室也有许多巧思。延续整体的内敛低
彩度但温暖的色调，搭配令人放松的柔和灯
光，特别选用德国品牌的触控明镜，外观优
雅大方，能匀称地将光线照射在脸上，而非
反射在镜面上，让人一照镜子就有好心情。

图片提供 © 禾邸设计

11o

光影营造日式泡汤的氛围

在这个充满日式疗愈氛围的卫浴空间中，明暗间接错落的灯光所扮演的角色是掌握氛围的魔术师，为空间充分营造出日式禅风宁静的气氛感受，让人身在其中，倍感放松。

图片提供 © 奇逸空间设计

照明器具／层板灯 _T5 灯管（28W ／ 6500K）
灯具材质／玻璃
灯具价格／约 RMB.620 元

照明器具／层板灯 _LED（20W ／ 3000K）
灯具材质／发光二极体
灯具价格／约 RMB. 130 元

111

使用长型黄色灯管，温暖整体卫浴空间

因卫浴空间大多采用石材堆砌，空间感较冷调，因此除天花内的 LED 灯外，在墙面上嵌入长型黄色 LED 灯管，使空间整体感觉较温暖。

图片提供 ©TBDC 台北基础设计中心

照明器具／层板灯_T5灯管×4（28和14W／3000K）
灯具材质／玻璃
灯具价格／约RMB.200元

112

镜柜中美丽的圆形光晕

狭小的卫浴空间中，在收纳的镜柜中嵌上灯管，再于镜柜表面，取一圈镜面，除去水银材质，并加以喷砂处理，让嵌灯的光线可以从其中透出，成为一个环状光带，让空间惊艳。

图片提供 © 演拓室内装修设计

照明器具／嵌灯_LED×3（10W／3000K）
灯具材质／发光二极体、铝
灯具价格／约RMB.80元

照明器具／层板灯_T5灯管×3（21W／3000K）
灯具材质／玻璃
灯具价格／约RMB.60～70元

113

金属马赛克反映光影变化

三盏嵌灯呈三角形均匀分布于淋浴区及马桶洗手区，受光均匀，无论是要洗澡还是如厕都很明亮，墙面置物柜上下方皆有层板灯，下方亮面、雾面交错的金属马赛克拼贴，经由柜子下方的小灯照设，显得有层次变化的美感。

图片提供 © 只设计·部室内装修设计

照明器具／层板灯 _T5 灯管 ×8（21 或 28W／4000K）
灯具材质／玻璃
灯具价格／约 RMB.240 元（连工带料）

照明器具／嵌灯 _LED 条灯（1400cm／色温 5000K）
灯具材质／发光二极体
灯具价格／约 RMB.2 元（每厘米，连工带料）

114

烤漆玻璃里的树枝状灯管，打造前卫浴室丛林
在两面镜面墙壁中，用烤漆玻璃切割出成大型树枝状的线条，再嵌入 T5 灯管，不仅有照明的作用，更是一种装饰手法，
让整间浴室仿佛是一座丛林般狂野，当然也不忘在洗手台上下方装上 T5 灯管，作为天花板照明与洗手时的细部照亮。
图片提供 © 界阳 & 大司室内设计

115

灯光营造，浴室也可以是展示空间
开放的浴室空间中，以浴缸作为展示主角，架高的平台下嵌入
LED 灯条。除此之外，只有柜体前的天花板上安置了投射灯，
作为营造气氛之用。整体以日式简约风格当作设计主线，活泼
地运用灯光安排，为质朴空间增添生活情趣。
图片提供 © 禾郅室内设计

照明器具／层板灯 _T5 灯管（21W／3500K）
灯具材质／玻璃
灯具价格／约 RMB.150 元

照明器具 / 层板灯 _T5（28W / 3000K）
灯具材质 / 玻璃
灯具价格 / 约 RMB.84 元

116

梳妆镜亮出侧面晕光，光线充足不刺眼
卫浴空间偏亮比较安全，因此马桶上的天花板光线均亮，洗手台上方则有两个 LED 投射灯提供重点
照明，墙面贴白色马赛克磁砖，镜框下装灯，从侧面晕光出来，光线足而不刺眼，方便女主人化妆用。
图片提供 © 隐巷设计

照明器具 / 吊灯 _LED 灯（10W / 3000K）
灯具材质 / 玻璃
灯具价格 / 约 RMB.80 元

117

造型灯具为卫浴空间增添个性
拥有大面窗户的卫浴大空间，采光与通风相
当良好，造型简洁的独立浴缸与矮墙，轻松
呈现独特的空间个性，灯具在此空间中扮演
的角色正是营造个性氛围，给予空间更鲜明
的特色，令人眼睛为之一亮。
图片提供 © 泛得设计

照明器具 / 吊灯
灯具材质 / 铁链
灯具价格 / 详洽设计师

118

辅佐空间线条，点缀生活质感
从更衣空间望过去，设计师特意拉出浴缸线条的上方，选用以
铁链勾勒出层次线条的造型灯具，成为浅色空间中的焦点，又
低调呼应了地面花砖的华丽。在自然光充足的日间，灯具点缀
出现代风格的质感，夜间灯光又带有复古情调，营造出日夜不
同的氛围。
图片提供 © 甘纳设计

照明器具 / 壁灯 _LED（10W
/ 3000K）
灯具材质 / 玻璃、铝
灯具价格 / 约RMB.80 元

119

映衬木质与石材纯粹质感

位于经典家具展示空间中的一隅，除了利用嵌灯呈现空间的质感外，一旁搭配壁灯的映衬
烘托，让原木材质的洗手台，在充满时尚感大理石的洗手间里，成为独特的视觉焦点。

图片提供 © 大器联合室内设计

照明器具 / LED灯
灯具材质 / 发光二极体
灯具价格 / RMB.1100 ~ 1500 元

12o

记下光晕在脸上美丽的角度

在镜子后嵌上 LED 灯条，拉开镜面和墙面的距
离，光在浅灰色大理石上晕染出不同层次，和
镜面映射出的方块建构成回圈，延展了视觉空
间，使简单的空间有丰富语汇，此外，透过墙
面折射的光晕，能柔和地照在脸上，便于梳妆
打扮与记下自己美好的样貌。

图片提供 © 诺禾空间设计

照明器具 / 嵌灯 _LED（10W / 3500K）
灯具材质 / 金属烤漆
灯具价格 / 约 RMB.180 元

照明器具 / 层板灯 _T5 灯管（8W / 10000K）
灯具材质 / 玻璃、铁件
灯具价格 / 约 RMB.600 元（组）

122

善用间接照明保持空间个性美
浴室的设计通常是维持全室明亮以策安全，但屋主是
年轻人，喜欢现代化空间设计，以黑色、白色作为墙
面主体，并采用间接照明的模式，保持空间照明的层
次，左边柜子藏一个壁灯，镜子上方天花板装一盏嵌
灯，作为主要灯源。
图片提供 © 非关设计

121

照出卫浴空间混搭风格
与一般采用嵌灯效果的卫浴空间规划不同，
透过嵌灯搭配间接照明烘托出空间的混搭
感，天花板的材质也采用较为防潮的塑铝板，
营造与众不同的卫浴氛围。
图片提供 © 泛得设计

123

利落与现代感的石材卫浴照明

将一般浴室中所需的各种收纳隐藏在大理石花纹之下，透过嵌灯的投射，让浴室空间更显利落与现代感；灯光与整片的镜子中反映出石材的纹路，让整体卫浴空间呈现现代感又不失华丽的氛围，身在其中宛如在做 SPA 般的高级享受。

图片提供 © 无有建筑设计

照明器具 / 嵌灯（瓦数 21W / 色温 3000K）

灯具材质 / 玻璃、铝

灯具价格 / 电话洽谈

照明器具 / 硬条灯 _LED (3000K)
灯具材质 / 发光二极体
灯具价格 / 约 RMB.160 元 (每米)

124

阶梯嵌灯错置，形成层次感

门前使用两盏重点照明，因门口有两阶阶梯，因此在梯内嵌入两盏长型照明设备，作为功能性照明，并故意将两盏灯错置，使之看起来较有层次，并有引导的作用。

图片提供©TBDC 台北基础设计中心

125

在露天阳台开派对

阳台作为居家的户外延伸，经过设计与灯光规划，能营造不同于室内的美好。
此案例在架高的木栈板下安置灯条，通过光影突显木栈板不规则的线条，塑造
空间个性，再摆放几张造型灯椅，与整个城市光景相互辉映，享受属于一个人
的静谧夜景，或是三五好友相聚的美景。

图片提供 © 奇拓室内设计

126

配合空间条件，灯光采用集中式装设

这是一个位于 30 楼的休闲区，白天采光足够，夜晚可欣赏
美丽的夜景，是先天条件相当好的空间，因此灯光采用集中
式装设，在梳理台、吧台、工作台上，局部装设 LED 投射
灯及主灯等。

图片提供 © 隐巷设计

照明器具 / 吸顶式筒灯 _E27 丽晶灯管（28W / 2700K）

灯具材质 / 铁材、镜面铝反射

灯具价格 / 约 RMB.180 元

127

阳台灯亦是建筑外观的装置艺术间

全大楼一致性的嵌灯，除了作为每
一户阳台的照明设备外，更是建筑
外观的装置艺术。当夜晚来临，在
大楼整体控管下，整幢的阳台灯都
一起开启，集合成「数大便是美」，
让大楼成为街道上最亮眼的景致，
美不胜收。

图片提供 © 品桢空间设计

照明器具／嵌灯 _T5 灯管 ×6（21W ／ 4000K）
灯具材质／玻璃
灯具价格／约 RMB.80 元

128

留一盏灯，欢迎回家

透过屋檐下温暖的投射灯光与墙边由下而
上的光源呼应，在大门与室内的小小室外
玄关处，营造一种温馨宁静的氛围，默默
等待晚归的家人；鞋柜底下的间接照明设
计，贴心地照亮楼梯。

图片提供 © 奇逸空间设计

照明器具／层板灯 _T5 灯管（8W ／ 10000K）
灯具材质／玻璃、铁件
灯具价格／约 RMB.600 元（组）

照明器具／户外照明灯具 _LED（7W ／ 3000K）
灯具材质／压铸铝烤漆、玻璃
灯具价格／约 RMB.140 元

照明器具／壁灯 _LEDx1（6.5W／3000K）
（Dora 朵拉 SLD-1010WDTE）

灯具材质／玻璃、钢（红铜）

灯具价格／详洽设计师

照明器具／轨道灯 _LED（7W）（贵族黑
LED-TRCP7W-BK）

灯具材质／铝

灯具价格／详洽设计师

129

致人生阅历与那些美好收藏

灯光能放大事物美好的一面，走过艺术廊道，轨道灯照亮了艺术画作本身的内涵，
玻璃酒窖陈列架上设置的黄光，烘托酒标上的不凡身价。站在廊道看向酒窖，像是
浏览精品展示柜，又像是在欣赏一件大型艺术品。廊道底端靠窗的吧台区，壁灯陪
伴你缓缓啜饮一杯，颇有"对影成三人"的诗意。

图片提供 © E.MA Interior design 艾马设计 · 筑然创作

照明器具 / 嵌灯 _LED（9W／3000K）
灯具材质 / 发光二极体、铝
灯具价格 / 详洽设计师

13o

特殊蓝光展现陈列主题性

由地下室车库转入楼梯处，以架高地坪做出
空间的界定，木质拉门与落地柜体为虚实隔
间，展示柜内收藏着业主心爱的跑车模型，
配置嵌灯投射强化其艺术性，楼梯下方的引
擎模型展示区则以象征高科技的特殊蓝光
投射灯，增加装饰与氛围效果，也充分呈现
此区的特殊陈列主题。

图片提供 © 水相设计

131

光源藏在隔板，营造精品柜质感

针对业主的收纳需求设计一间小巧的储藏
室。储藏室采用开放层架，省去门片开关的
空间，并将光源藏在层板后方，见光不见
灯，同时也营造精品柜般的质感。在细节上
丝毫不马虎，设计师特别打造镀钛五金脚架
搭配实木衣杆，可以随服饰长短需求上下挪
移，让收纳更弹性灵活。

图片提供 © KC 均汉设计

照明器具 / 造型台灯、LED 灯条（3000K）
灯具材质 / 详洽设计师
灯具价格 /（复刻版）约 RMB.680 元

132

聚焦空间中值得品味的细节

以同样灰色但不同材质，堆叠出空间的多元
细节。灯光的重点聚焦于开放式展示柜上，
3000K 的黄光柔和了灰色调的棱角，经过金
属质地的层板折射，为展示品铺上一层淡淡
的光芒，吸引人走近欣赏。此外，将小造型
台灯作为摆设，让空间表情更为生动。

图片提供 © 璧川设计事务所

133

展示柜展示生活的多样风貌

从安置深色素雅壁灯的入口进入，温润木质铺陈的和室中，
精准拿捏柜体收纳与展示区域的比例，并将灯光安置于层板
下，使展示生活品位的物品，装点空间独特魅力，在这里仿
佛能放慢脚步，细细品茶、品人生。

图片提供 © IS 国际设计

134

书桌面也是幻灯片灯箱

屋主喜爱传统相机，并有使用幻灯片的需求，因此在书
桌设计时，特别在木质书桌的角落处嵌入一喷砂玻璃灯
箱，取代看片机，让人借由桌面的透光灯箱，再次沉溺
于影像的世界。

图片提供 © 尤哒唯建筑师事务所

照明器具 / 玻璃灯箱 _T5（8W / 4000K）

灯具材质 / 喷砂玻璃

灯具价格 / 电话洽谈

照明器具／LED 灯 x 60 ／卤素灯 x 3（UNIVERSE 180）
灯具材质／镍、发光二极体
灯具价格／约 RMB.35 000 元

135

工作室也能仰望星空

进入此办公空间，第一眼会注意到的绝对是中岛吧台上方的灯，采用荷兰灯具品牌 QUASAR 的 UNIVERSE 180，为办公室洒下点点星光。有别于一般封闭性高的工作环境，设计师希望拉近人与人之间的距离，而在空间中留了许多白，引入自然的空气、光线，让身处在工作室的员工更可感受到日夜交替、四季变化在空间里交会的生命力，激荡创作灵感。

图片提供 © 齐设计

照明器具／CDM 投射灯（35W ／ 3000K）
灯具材质／金属、玻璃
灯具价格／约 RMB.600 元

136

善用灯饰创出满天星光
四层楼中庭挑高除了商业空间基本照明外，还希望让顾客向上仰望时，感受星光闪烁的震撼。星光以不刺眼的 LED 灯泡为主，轻柔的表现本身的亮点，与显耀商品的灯具做搭配，呈现金碧辉煌的嘉年华会。
图片提供 © 壁川设计事务所

照明器具／LED 灯条
灯具材质／玻璃
灯具价格／约 RMB.240 元（每米）

照明器具／吊灯＿E27 灯泡
灯具材质／金属
灯具价格／约 RMB.700 元

137

均匀色温能凸显食物美感

当食物集中摆放，整排的吊灯可以打出明亮均匀光源，照映在食物上，凸显食材本身色泽。建议使用 3000K 黄光，色温最柔和。而踢脚灯打亮局部空间，使用 LED 灯条，像条光带蔓延室内，带来柔和光亮。
图片提供©直学设计

照明器具 / 工业吊灯
灯具材质 / 金属、亚克力
灯具价格 / 约 RMB.560 元

照明器具 / 防爆壁灯
灯具材质 / 金属、网
灯具价格 / 约 RMB.120 元

138

金属灯饰形塑活泼的工业风气氛

配合店家期望呈现的工业风，因此在灯具选择上也以略带粗旷质感的金属灯具为主，包括壁面的壁灯颜色的选择上，也呼应墙面的黄色水管线路，视觉让互相呼应。整体空间在钢性工业风中带着俏皮。

图片提供 © 直学设计

照明器具 / 嵌灯 _LED（9W／3000K）
灯具材质 / 发光二极体、铝
灯具价格 / 详洽设计师

139

优雅弧线拉出柔和光源

此案例为金融媒体办公空间，入口处的接待前台运用镀钛与金黄纹理大理石材，呼应象征财富。天花板则是采用预铸石膏板创造出犹如河流般蜿蜒的状态，每个弧线内部藏设间接照明，并在平整处的天花板局部结合嵌灯辅助，既达到重点聚焦式的亮度需求，又能创造空间的主题性。

图片提供 © 水相设计

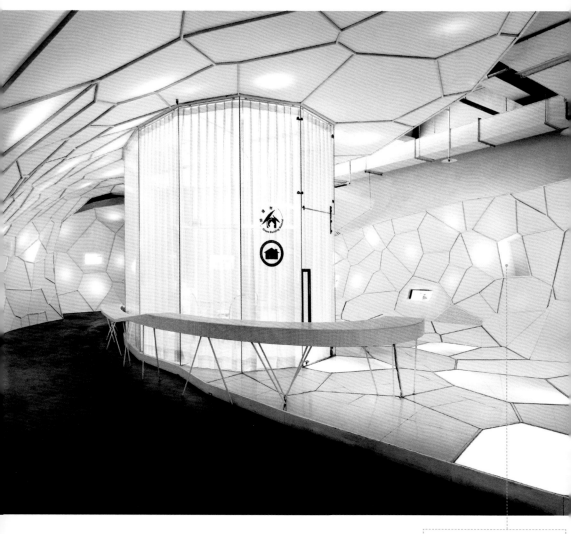

照明器具 / LED（10W / 3000K）
灯具材质 / 雾面玻璃
灯具价格 / 约 RMB.80 元

14o

LED 投射新生活态度的转变

此空间为绿建材厂商的旗舰店，以羽毛、叶脉等光影意象为设计主轴，空间由内向外、由上而下以太极的原理出发，包覆位在中央的核心空间，访客身在其中被 LED 灯光包围，感受企业积极传递爱地球、环保的新生活态度。

图片提供 © 无有建筑设计

141

选择为简单生活装点层次感

从美好生活源自于健康选择的理念延伸，墙面由木纹与白色调作为基底，开放式层架，以大理石及其纹理流露自然气韵，搭配金属的精致来烘托商品质感。错落有致的层板规划，预留未来商品变换的空间，墙面与层板装设的灯光是关键的一笔，既突显商品又不干扰朴质美好的节奏。

图片提供 © 理丝室内设计

照明器具 / 吊灯 _ 钨丝灯泡（60W / 2700K）
灯具材质 / 铸铁烤漆、黑色金属烤漆
灯具价格 / 约 RMB.1800 元（1 盏）

142

3 盏老油灯营造家的氛围

浓浓怀旧味的空间设计，借由 3 盏钨丝灯泡老油灯，加上天花板上一管管牛皮纸管，让空间满布老家乡的氛围。天花板另有照射角度较大的泛光灯，用以补足现场环境光。

图片提供 © 壁川设计事务所

143

机动性轨道灯做重点照明

形塑展览空间时，为了凸显商品本身特性，尽量会以重点照明为主要方式。加上轨道灯因为机动性高，可依循需求调整光源的布设位置及方向，更是最常被使用的灯具。这个展览空间就以下照式照明方式，利用轨道灯特性打亮每一件作品。

图片提供 © 光拓彩通照明设计顾问公司

照明器具／高功率嵌灯 _LED（9W／3000K）

灯具材质／发光二极体、铝

灯具价格／详洽设计师

144

高功率灯具有助于扩散光源

坐落于台中的分子药局，二层楼的挑高空间，左右两侧规划了展示陈列层架，考虑空间高度的关系，若是一般 T5 灯管功率所产生的光晕照射范围不足，此处嵌灯皆选择高功率，柔和的光源能完整延续地扩散于整个立面，加上天花板的轨道灯投射于鹅卵石壁面，让光线拥有层次变化。

图片提供 © 水相设计

照明器具 / 层板灯 _T5 灯管
（20W／2600-3000K）

灯具材质 / 发光二极体、铝

灯具价格 / 详洽设计师

145

斜向拼接木作完美隐藏间接照明

此案例为拥有 40 年历史且颇具规模的五金制造贸易公司办公空间。因为空间存在着许多梁柱，所以以公共走道作为划设，区隔与界定出两侧办公室、接待区，天花灯带犹如一条时间的河，乘载企业历史与未来的方向，木作天花板巧妙利用斜向拼接方式，将灯光隐藏在内部，空间内完全看不到间接照明，呈现明亮且有独特设计感的光源效果。

图片提供 © 水相设计

照明器具／吊灯 _E27 灯泡（60W／2700K）
灯具材质／铁、玻璃
灯具价格／约 RMB.400 元

146

造型日光灯展现特殊性

商业空间很强调空间的特性，利用特殊灯具配合简练设计，就能凸显格调。有
特殊造型的日光灯散发微弱光源，直视不会不舒适，同时为空间带来独特性。

图片提供 © 直学设计

照明器具 / 壁灯 _E27 灯泡（40W / 3000K）
灯具材质 / 金属
灯具价格 / 约 RMB.1000 元

照明器具 / 吊灯 _E27 灯泡
灯具材质 / 金属
灯具价格 / 约 RMB.1500 元

147

善用不同灯具勾勒不同氛围

吊灯打出大片光，照映桌面的明亮。而壁灯其实是商业空间很常使用的打光手法，虽然不是主要照明，但可以运用在重点区域，比如打亮柱子、墙面，或是壁面的画作。利用斜角的光源，营造由亮到暗的光源层次，当不同光源存在空间内，室内充斥着光影，有时候就是最美的装饰。

图片提供 © 直学设计

照明器具 / 层板灯 _T5 灯管（28W／3000K）
灯具材质 / 玻璃
灯具价格 / 约 RMB.84 元

148

装设大卤素灯，让空间和产品更显色

这是帮欧式厨具商设计的现代感厨具陈列，
背景用的是强烈壁纸，商业空间的设计与家
居不同，家居空间为保持舒适感，不主张全
亮，但商业空间以展示产品为主，照明重点
需立体全亮，因此在天花板上放大的卤素灯，
让空间和产品更显色。

图片提供 © 隐巷设计顾问有限公司

照明器具 / Ø9.5 cm 投射灯 -LED（4000K）+
LED 软条灯
灯具材质 / 线板、进口瓷砖、镀钛玫瑰金
灯具价格 / 约 RMB.500 元、RMB.110 元

149

吸引人驻足流连的陈设灯光魔法

商业空间在进行灯光设计时，应与商品的陈设方式
合并思考，例如本案例为顶级医美会馆接待大厅，
设计师运用展示柜打造整面灯墙引导动线，底端柜
台更搭配了镀钛玫瑰金，让人自然循着灯光步入空
间，目光更是不由自主被明亮的陈列柜所吸引，成
功掳获顾客的目光！

图片提供 © 奕所设计

照明器具 / LED 铝条灯
灯具材质 / 间接照明搭配木作天花
灯具价格 / 约 RMB.110 元

15o

以灯光打造多维科技感空间

空间是由点线面所构成，除了以天地壁（天花板、地板、墙壁）创造空间的线条感之外，灯光也是一项极佳的手法。本案例是一家磁砖展示中心，设计师运用 LED 铝条灯结合木作天花板，打造出多维度的科技感空间，让整个空间彷佛变成一个立体多边形，勾勒出前卫现代的设计质感。

图片提供 © 奕所设计

151

在城市咖啡厅享受美好时光

在美式古典风格的基底下，不用常见的装饰天花板，改用多款灯具，投射灯、具有工业感的轨道钨丝灯、外形洗练的吊灯等，完美混搭并勾勒天花板错落有致的层次，墙面也安排了造型小巧又别致的壁灯，光影交织在咖啡厅中别具一番风味。

图片提供 © 尚展空间设计

152

间接照明搭配凹槽形成空间焦点

仅是一个楼层的空间，在天花板不是很高的前提下，有效结合天花板与墙壁的空间，可形成顾客注意的焦点。特殊的凹槽造型，搭配间接造明，从天花板到墙壁，流荡出一道炫丽的极光。天花板的 4 颗小照明灯，是为环境补光用，墙壁的凹槽也可以陈列商品，十分实用。

图片提供 © 璧川设计事务所

照明器具 / 软条灯 _LED（30W / 3000K）
灯具材质 / 玻璃、金属
灯具价格 / 约 RMB.300 元（每米）

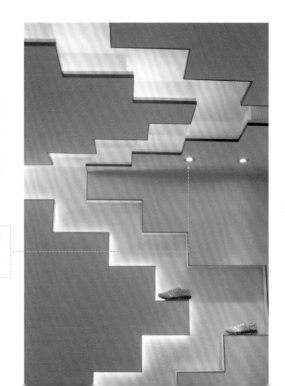

153

为艺术赋予生命的灯光设计
为满足艺廊展出多元的需求，没有固定的展览墙，这样展场可以有高度弹性。展场中央特别设计圆弧轨道，使作品展示数量能最大化，沿着可移动的展板轨道配置了白光、黄光等多种轨道灯具，可追踪艺品展示位置，并提供最佳的照明烘托。
图片提供 © 尚展空间设计

154

水光潋滟的夜店氛围

颠覆一般夜店的既有印象，隐藏在金属柜体与玻璃吧台桌面下的蓝光，正是以层板灯搭配蓝色灯罩，营造出如水流般波光潋滟的情调，吧台上的造型灯具为吧台空间营造视觉重点，而整体空间的明暗度则可随需求调整，整体呈现时尚又自然的轻松自在空间。

图片提供 © 大雄设计

照明器具 / 层板灯 _T5（8W / 10000K）
灯具材质 / 玻璃
灯具价格 / 约 RMB.600 元（组）

照明器具 / 吊灯 _ 螺旋灯泡（13W / 2800K）
灯具材质 / 蓝色灯罩、钢材电镀 PC 罩
灯具价格 / 约 RMB.30 元

155

如同阳光丛林间洒落的诗意

针对咖啡厅、餐厅空间，灯光的光影层次及其所营造的氛围，要比实质的照明功能更重要。在思考方向上可运用局部灯光结合天花板设计，例如本案例选用错落有致的实木造型，中间穿插投射灯，营造犹如阳光从树林间洒落的诗意，让灯光设计成为空间最美的艺术装置。

图片提供 © 奕所设计

照明器具 / Ø9.5 cm 投射灯–LED（4000K）

灯具材质 / 实木、铁件结合投射灯

灯具价格 / 约 RMB.520 元

照明器具 / LED 软条灯
灯具材质 / LED 灯条 + 亚克加罩
灯具价格 / 约 RMB.120 元

156

妙用 LED 打造恢弘的光之殿堂

对于大型展售空间而言，灯光是决定空间大气与否的关键元素。若用传统的白炽灯光打亮整个空间，不但费电，而且更换也很麻烦。不妨参考本案例中运用环保省电的 LED 灯条，虽然成本略高，但日后可省下相当可观的电费，且使用寿命也更长，并能减少更换的负担！

图片提供 © 奕所设计

157

创意灯光打造工业风办公室

工业风的设计精神源自于就地取材，本案例巧妙转化了木丝板的板材性质，运用其透光的特性，结合投射灯设计，打造独一无二的灯饰。六角形的切割造型，更象征着人们在会议中的想法相互连结、延伸与展开，让每一个微小的灵感星火点亮无限的创意！

图片提供 © 奕所设计

照明器具 / Ø9.5 cm 投射灯 -LED（4000K）
灯具材质 / 木丝板结合投射灯
灯具价格 / 约 RMB.520 元

158
室内的日光推移与漫天繁星

本案例为美发沙龙空间，大面落地窗引入日光，日光在不同时刻的推移在地面上映落多变的表情。室内照明配置兼具功能与氛围营造，轨道投射灯让理发师能清楚每一位客人的动向，镂空灯罩的吊灯与美式家具、仿旧红砖墙堆砌复古质感，映衬出木栈板墙的质朴美感，打造历久弥新的空间。

图片提供 © 齐设计

照明器具／定制吊灯＿LED灯条（21W／2700K）

灯具材质／金属片

灯具价格／约RMB.3000元

照明器具／背墙石头漆间接灯＿LED灯条

灯具材质／玻璃

灯具价格／约RMB.240元（每米）

159

造型灯饰具有强烈装饰效果

商业空间重视光源的演色性，也比家居空间更重视视觉特殊效果。利用镀钛不锈钢材质制成的叶子灯饰，造型独特，光源柔和，但不具照明效果。而壁面的间接灯光才是主要照明光源，再利用设计手法呈现灯光美感。

图片提供©直学设计

160

善用天花嵌灯突显店面格调
这是一个火锅店的入口柜台，天花板以波浪状的布幔堆叠，营造壮阔的
立体感，墙壁壁面以斜切的菱形线条串联而成，搭配天花板嵌灯，部分
投射在布幔、部分投射在墙壁，让整个空间明亮又带有神祕感。
图片提供 © 怀生国际设计

161

照亮记忆中的日式风华

此空间是坐落在永康街区里的日式餐厅，玄关处透过点点嵌灯映照在石材墙面上，搭配右边天然的木头材质运用，为空间营造自然、质朴、静谧的氛围，以气定神闲地风格气韵迎接所有客人的造访。

图片提供 © 大器联合室内设计

照明器具 / 嵌灯（13W / 3000K）
灯具材质 / 铝
灯具价格 / 约 RMB.1400 ～ 2000 元（组）

162

让灯光引路，品味日式禅风

以灯光导引眼光的观看主题，隐藏在造景植物下往上 24° 的投射灯，点亮了枝叶姿态。屋瓦搭建的屋檐下方，一盏投射灯擦亮招牌，另外两盏投射下方，与格栅透出的室内光，映照在经水磨平滑的黑色大理石上，犹如水面上的星光，引领宾客走进日式静谧的氛围之中。

图片提供 © 新澄设计

.163

灯光折射出每次光临的不同心境

以透明的亚克力棒特制成现代时尚感的装饰，不开灯时，天花板就像宁静的夜空；打开灯时，光在亚克力棒间的投射与折射相互交叉，璀璨如银河。光落在墙面金属线条上显得精致，在弯曲摺线处形成的阴影则带有优雅气质，站在不同角度细细品味，每次都能有不同感受。

图片提供 © YHS Design 设计事业

照明器具 / LED 灯泡
灯具材质 / 亚克力棒、鱼线及部分铁件作为吊挂功能
灯具价格 / 每平方米约 RMB.2350 元

照明器具 / LED 灯条、投射灯
灯具材质 / 详洽设计师
灯具价格 / 详洽设计师

164

引人入胜的光影，交织幻想世界

粉红色总是让人和甜美气质联想在一起，但运用灯光，粉红色也可以展现不同魅力。进入店面彷佛走入异想世界，灯光在这里不只是照明，更为墙面做了不同明暗的调色。最明亮的焦点是安置了 LED 灯条的展示层架，而天花板投射灯穿透植物装饰映照在墙面的影子，不仅成为优雅的点缀，也增添了空间的魔幻色彩。

图片提供 © 优士盟整合设计

165

间接投射出行走在竹林中的氛围

此空间是特别为建材厂商展示特殊材料而打造的展示廊道，利用层板灯达到间接照明的效果，灯光投射在深浅色交错的角材上，宛如竹节般拼整成一整面斜斜的展示墙，在光影的烘托下，为行走在其中的人营造出在竹林中漫步的氛围与意象，充分达到展示的目的。

图片提供 © 无有建筑设计

照明器具 / 层板灯 _ 灯管（28 / 6500K）
灯具材质 / 铝支架
灯具价格 / 约 RMB.660 元（组）

《照明设计终极圣经》

中文简体字版 ©2015 由天津凤凰空间文化传媒有限公司发行
本书经由台湾城邦文化事业股份有限公司麦浩斯出版事业部授权，
同意经天津凤凰空间文化传媒有限公司，出版中文简体字版本。
非经书面同意，不得以任何形式任意重制、转载。

图书在版编目（CIP）数据

照明设计终极圣经 / 漂亮家居编辑部编著 . — 南京：
江苏凤凰科学技术出版社 , 2015.5（2022.1 重印）
　ISBN 978-7-5537-4447-6

　Ⅰ . ①照… Ⅱ . ①漂… Ⅲ . ①建筑照明—照明设计
Ⅳ . ① TU113.6

中国版本图书馆 CIP 数据核字 (2015) 第 090817 号

照明设计终极圣经

编　　　著	漂亮家居编辑部	
项 目 策 划	凤凰空间 / 陈　景	
责 任 编 辑	刘屹立	
特 约 编 辑	王　梓	
出 版 发 行	江苏凤凰科学技术出版社	
出 版 社 地 址	南京市湖南路1号A楼，邮编：210009	
出 版 社 网 址	http：//www.pspress.cn	
总 经 销	天津凤凰空间文化传媒有限公司	
总 经 销 网 址	http：//www.ifengspace.cn	
印　　　刷	北京博海升彩色印刷有限公司	
开　　　本	710 mm×1000 mm　1 / 16	
印　　　张	16	
字　　　数	128 000	
版　　　次	2015年5月第1版	
印　　　次	2022年1月第8次印刷	
标 准 书 号	ISBN　978-7-5537-4447-6	
定　　　价	58.00元	

图书如有印装质量问题，可随时向销售部调换（电话：022-87893668）。